数字绘画基础 I

王鹏崴　编著

中国海洋大学出版社
·青岛·

图书在版编目（CIP）数据

数字绘画基础.Ⅰ／王鹏崴编著.—青岛：中国海洋
大学出版社，2022.10

ISBN 978-7-5670-3343-6

Ⅰ.①数…　Ⅱ.①王…　Ⅲ.①图像处理软件—教
材　Ⅳ.① TP391.413

中国版本图书馆 CIP 数据核字（2022）第 225041 号

Shuzi Huihua Jichu . I

数字绘画基础.Ⅰ

出版发行	中国海洋大学出版社		
社　　址	青岛市香港东路23号	**邮政编码**	266071
网　　址	http：//pub.ouc.edu.cn		
出 版 人	刘文菁		
责任编辑	丁玉霞	**电　　话**	0532-85901040
电子信箱	qdjndingyuxia@163.com		
印　　制	青岛海蓝印刷有限责任公司		
版　　次	2022年10月第1版		
印　　次	2022年10月第1次印刷		
成品尺寸	185 mm×260 mm		
印　　张	12.75		
字　　数	250千		
印　　数	1—1000		
定　　价	78.00元		
订购电话	0532-82032573（传真）		

发现印装质量问题，请致电0532-88785354，由印刷厂负责调换。

前　言

随着我国经济及科技的快速发展，娱乐产业对数字绘画人才的需求在不断增加。如今，数字绘画已被广泛应用到各种娱乐产业中，特别是在影视、动漫产业得到了广泛的应用。为迎合时代的需求，让学生能够对应地学习数字绘画这门课程，笔者特编写此教材。

本书是笔者在多年教学实践与社会实践的基础上，结合青岛电影学院学生的实际情况编写而成。本书的编写力求符合相关行业对数字绘画人才能力的需求；采取理论知识与实际操作相结合的原则，强调精讲多练，注重实践操作。

本书分7章，第一章到第三章，介绍数字绘画和数字绘画所用的画图软件与硬件。第四章到第五章，主要介绍绘画的基础性知识，其中包括绘画的构图、颜色与光等绘画基础知识内容。第六章到第七章，主要介绍人物数字绘画与场景数字绘画的基础知识、绘画的方法以及创作流程。

本书有如下特点。

（1）循序渐进：本书在编写过程中，尊重教学规律和学习规律，内容讲述由简到难，理论联系实践，循序渐进，逐渐提高学生的数字绘画技能。

（2）内容全面：本书不仅讲述数字绘画的知识点，还讲述一些学习数字绘画需要掌握的基础绘画知识，让初学者可以更容易地进行数字绘画的学习。

（3）图文并茂：为帮助学生理解，本书通过图文并茂的方式进行讲解。选用的图片大部分是笔者在教学实践中的项目作品和学生的作业实例，可使读者更好地了解数字绘画在相关领域的应用情况，为学生的数字绘画专业发展提供参考。

本书主要是为应用型本科数字绘画课程编写的，也可作为数字绘画爱好者提高技能的参考书。

在本书出版之际，特别感谢青岛电影学院领导对本书出版的支持；还要感谢孟鹏、陈恒、殷瑶等朋友提供的素材图片，感谢学生们对本书的关注与支持。

因笔者水平有限，不足之处在所难免，恳请读者批评指正。

王鹏崴

2022年8月

目录 ————————— ■ CONTENTS

第1章

认识数字绘画

数字绘画是绘画艺术与计算机技术相结合的产物。首先，数字绘画属于绘画艺术，是绘画艺术在新时代的发展与延伸；其次，数字绘画有它自己独特的优势与特点。在正式学习之前要对数字绘画有所了解，方能在后期的学习中更好地把握学习方向与目标。为此，本章重点介绍数字绘画的产生、含义与在中国的发展历史，以及数字绘画与传统绘画的对比分析。

1.1 数字绘画的产生、含义和发展历史

1.1.1 数字绘画的产生

以计算机的普及以及计算机与现代通信技术的有机结合为标志的第五次信息技术革命，渗透到人们生活的各个领域，艺术也不例外。计算机技术和媒体技术的迅速发展，给绘画带来了翻天覆地的变化。近年来，伴随着电脑数字技术的高速发展，电脑绘画技术的不断成熟，数字绘画艺术以一种新的形式出现于艺术界。它因手段多样、创作方便、表现力强、传播速度快的特点而具有强大的生命力，活跃在

人们生活的方方面面，尤其对文化、创意产业的发展，以及人们的多元化审美产生了重要影响。

1.1.2　数字绘画的含义

数字绘画是指运用数字技术进行的绘画创作，是一种新兴的绘画方式。与传统绘画相比，虽然两者对于绘画创作者的艺术修养和绘画技法的要求差别不大，但是在表现形式上存在很大区别。比如，传统绘画是以纸面或者布面等现实中存在的事物作为载体，依靠铅笔、颜料等实体绘画工具实现创作的过程。如油画是用各种不同的油与矿物质进行绘画，版画是在木板或铜板上进行绘画，水墨画是用墨汁与水的结合进行绘画，等等。而数字绘画是使用数字压感笔与数位板、鼠标、可触式屏幕进行绘画创作。通俗地讲，数字绘画是运用相应电脑软件上的一些虚拟绘画工具，通过创建虚拟画布以及设置各种数字特效来实现创作的过程。

1.1.3　数字绘画在中国的发展历史

中国的数字绘画最早可追溯到20世纪80年代末，鉴于国外数字绘画的迅速崛起与广泛应用，1982年，浙江大学成立了计算机美术课题研究小组，国家一些重点大学的计算机研究所开始了对计算机图像技术的研究，但是由于经济发展水平较低以及对外开放程度不高等种种原因，绝大多数学校及个人都没有机会接触数字绘画，这个时期属于中国计算机图形的萌芽阶段。进入20世纪90年代，我国经济发展水平日益提高，对外开放程度进一步扩大，与国外的文化交流不断深入，人们开始对数字绘画有了一个感性的认识。而电脑游戏的发展进一步激发了年轻一代计算机从业人员投身于数字绘画行业的热情，同时随着影视行业的不断发展壮大，社会对美术设计人员的需求也在逐年增加，使数字绘画这种创作速度快、流程短的绘画方式得以兴起。如今，中国数字绘画行业和游戏、影视、动漫等行业紧密结合。随着我国对游戏、动画产业的不断投入，影视产业的迅速发展，手机游戏的兴起等，以高科技与文化融合为特征的创意产业公司发展得越来越迅速，促进了数字绘画的发展。

1.2　数字绘画的应用领域

数字绘画作为一种新的绘画方式，是一种实用性较强的绘画类型。如今，数字绘画已被广泛应用于影视、游戏、动画、插漫画等领域。本节简要介绍数字绘画在这四个领域的应用以及特点。

影视：可利用数字绘画手段在影视制作前期进行气氛图、效果图、分镜、人设、场景设计等。在影视创作前期，经常会由不同地区的创作者协同创作，而数字绘画具有便于修改和传递的优势，可以提高工作效率，保证影视作品的品质，缩短制作周期。在影视制作后期的宣传阶段可以利用数字绘画制作海报，增加影视的宣传力度，让影视作品传播的速度更快、范围更广。

游戏：可利用数字绘画进行游戏的前期创作，其中包括人物、道具、场景、气氛图设计等。与影视中数字绘画作品不同的是，一些优秀的游戏前期设计产品对游戏来说具有很好的宣传效果。这是因为，在影视制作前期设计的绘画作品，仅用于影视拍摄组查阅，只要内部工作人员能看懂即可，内容上不需要非常细致，美观性要求也不高。而游戏创作前期的绘画作品对游戏产品具有宣传作用，因此，游戏创作中对数字绘画作品的要求更高。

动画：早期的动画制作都是先画在赛璐珞片上再上色，工作量非常大，工作周期也很长。有了计算机后，可以先画在纸上，再拷贝到电脑中进行合成制作，但是依然需要消耗巨大的人力、物力。随着计算机技术的不断进步与成熟，可以实现"无纸动画"，即在动画制作的过程中可以脱离纸张，全部在电脑上完成。在动画中用到数字绘画的部分主要是人物设计、人物绘制，场景设计、场景绘制，包括原画与动画两部分。动画的前期设计和影视的前期设计基本上相同，但是动画的前期设计对准确度要求很高。在影视中后期的制作过程中可由导演根据实际情况对前期的设计做适当调整，可以根据现场或者其他因素对镜头和场景进行一定的修改。而在动画制作中，后期的工作则要完全根据前期的设定进行绘制和制作，无论是人物还是场景都必须符合前期的设定。动画制作受空间和画面大小的限制，若前期工作不充分，后期制作中多一点内容就会增加工作量，而少一点内容片子中画面就会缺少素材，显得不完整。

插漫画：使用数字绘画创作的插漫画与传统的插漫画效果相似。与传统插漫画创作相比，由于有许多专门为绘制插漫画开发的电脑软件（这些软件里有网点纸、漫画框模板、模型等），插漫画的数字绘画创作更加便捷。

1.3　数字绘画与传统绘画的对比分析

数字绘画之所以能够得到迅速发展得益于其独特优势，本章从绘画工具、载体、修改方式等方面就数字绘画与传统绘画进行对比分析。

1.3.1　绘画工具

传统绘画有很多画种，每个画种都需要独特的工具与绘画材料（图1-1），不同的绘画材料由于自身特点不同，表现出来的质感也不同。绘画者要对不同绘画工具与绘画材料有所了解，才能熟练地使用这些绘画材料。因此绘画者需要经过大量的绘画训练才能画出好的作品。

数字绘画工具相对传统绘画简单得多，不需要了解那么多的绘画材料。数字绘画只需要一个手写板或者平板电脑（图1-2），再加一款绘画软件就可以进行创作，手写板或平板电脑类似传统绘画的画笔、刻刀等工具；绘画软件类似传统绘画的表现形式，不同的绘画软件可以画出不同的画面效果，当然一些功能比较全面的绘画软件也可以画出多种画面效果。

图1-1 传统绘画工具

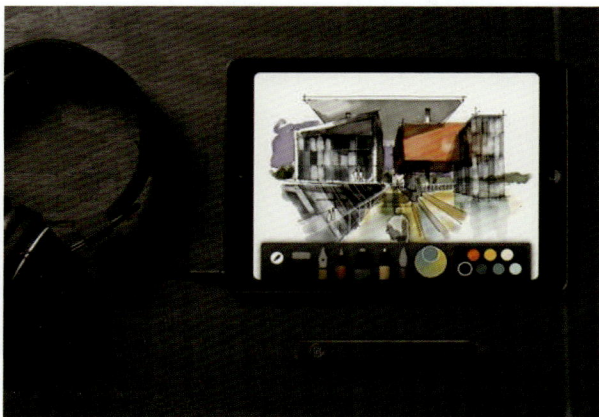

图1-2 数字绘画工具

1.3.2 载体

传统绘画与数字绘画除了绘画材料不同，它们的载体也不同。传统绘画不同的绘画材料需要不同的载体，例如，水彩画需要用水彩纸，油画的载体是麻布或者木板等。而数字绘画彻底打破了传统绘画对物质性的绘画材料和载体的依赖，其所有绘画创作都是依托数字技术，通过虚拟绘画工具、创建虚拟画布，以及各种数字特效来实现创作，最终以数字化的图形来输出和存储。

1.3.3 修改方式

在传统绘画中如果画错了或者想要修改所画的内容，会非常麻烦，甚至有一些画种（如水彩画）根本无法修改。由于修改烦琐，传统绘画的创作周期都会很长。而数字绘画的修改就容易多了，几乎所有绘画软件都有修改和擦除功能。其一是每一笔的绘制都被软件记录下来。如果有画错的地方，可以通过"后退"命令，找到前面的记录，进行更改。其二是每款绘画软件基本上都有"图层"选项，每画一个部分都可以用图层进行分割，只需对其所在的图层（画面的局部）就大小、颜色、透明度等属性进行修改即可。

1.3.4 绘画场所

传统绘画与数字绘画所需要的空间不同。传统绘画需要专门的绘画空间或场所以及绘画配套设施，如专业的绘画画室、灯光等。而数字绘画对绘画场所的要求很低，只需一台电脑、手写板等就可以创作。随着技术的进步，甚至只要手持平板电脑就可以随时随地进行绘画创作。

1.3.5　技术要求

传统绘画涉及对物质性绘画材料和承载载体的学习和运用，如笔法和纸张的使用、颜料色彩的调制等，技术难度较高，需要经过长时间的学习才能进行创作。数字绘画借用绘画软件强大的功能、繁多的数字特效，操作起来比较简单，有一定电脑基础、学习过绘画软件就可以创作。

1.3.6　储存方式

传统绘画作品的保存和传播比较烦琐。传统绘画作品的保存寿命易受所用染料、物质载体的材质和储存环境（如光照、气温、湿度）的影响。传统绘画作品的原件需要依靠人力进行移动，虽可利用摄像器材进行拍摄，再印刷成副本的方式传播，但是因为种种原因，人们所看到的印刷品往往会失真，非常遗憾。数字绘画的储存载体是电子设备，通过网络或数字移动设备进行传播，传递更加快捷方便，且原件和副本不会有任何区别。

第2章

数字绘画工具

随着互联网与数字技术的发展，已开发出越来越多的数字绘画软件，不同的软件有不同的特点与优势，创作者可以根据需求进行选择。目前几款比较主流的软件有Easy Paint Tool SAI，Painter，Procreate， Photoshop，Clip Studio Paint等。本章仅介绍Easy Paint Tool SAI，Painter，Procreate。第三章详细介绍Photoshop。

2.1　数字绘画软件

2.1.1　Easy Paint Tool SAI

Easy Paint Tool SAI是一款已经成功实现商业化的绘图软件，该软件由日本Systemax公司（Systemax Software Development）开发。2008年2月25日，Easy Paint Tool SAI Ver.1.0.0 正式版发行。在正式版发行之前，Easy Paint Tool SAI是作为自由软件试用的方式对外发布的。Easy Paint Tool SAI极具人性化，与手写板具有极好的兼容性，更加追求绘图的美感，操作简便。Easy Paint Tool SAI操作界面如图2-1所示。该软件具有以下5大特点。

（1）具有手抖修正功能。手抖修正功能有效地改善了用手写板画图时线条不流畅的问题，在线条的调整上，Easy Paint Tool SAI有很大的优势，所以很多习惯用线稿绘画的人喜欢使用它，它的画面风格很多也是线面平涂的模式。

（2）模拟绘画笔的效果。Easy Paint Tool SAI有马克笔、水彩笔等画笔，能很好地模拟水彩画笔的效果。若想画水彩笔和马克笔效果图等，用Easy Paint Tool SAI会十分匹配。

（3）具有矢量图层。矢量化的钢笔图层，在画笔的线条痕迹上会有一些节点，调整这些节点，能画出流畅的曲线。

（4）画布可旋转。Easy Paint Tool SAI具有便捷的旋转画布功能，通过2个快捷键即可以轻松地以任意角度旋转画布，在作画过程中可随时旋转画布，就像在纸上作画一样方便。

（5）存储空间小。Easy Paint Tool SAI在众多绘画软件中属于占存储空间最小的软件，其安装包容量约3兆字节。

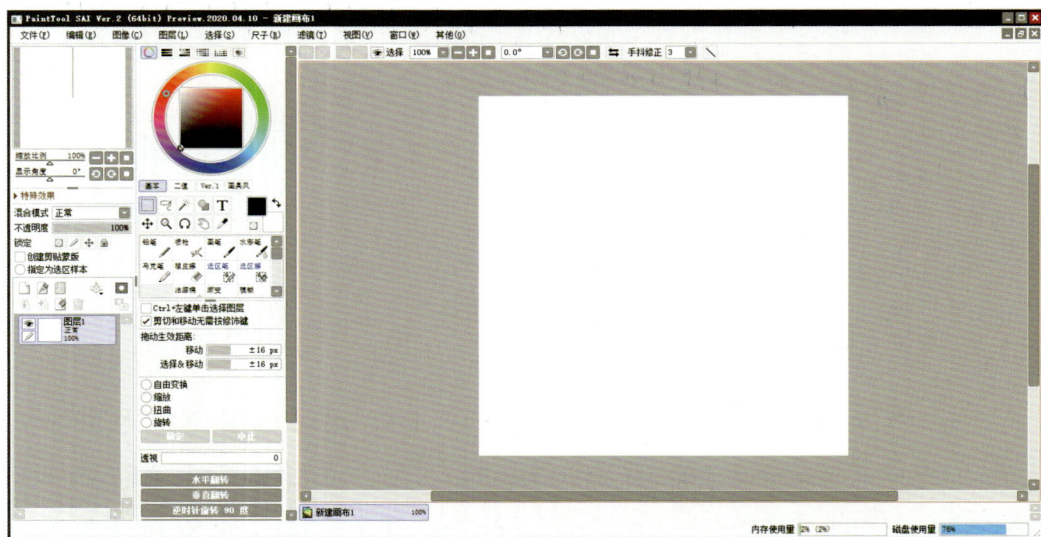

图2-1　Easy Paint Tool SAI操作界面

2.1.2 Painter

Painter是一款极其优秀的仿自然绘画软件，其特点是拥有全面和逼真的仿自然画笔。它是专门为渴望追求自由创意及需要数字绘画工具来仿真传统绘画的数字艺术家、插画画家及摄影师而开发的。它能通过数字技术复制自然颜料效果，是同级产品中的佼佼者，得到业界的一致推崇。

Painter，义为"画家"，与Photoshop相似，Painter也是基于栅格图像处理的图形处理软件。Painter在我国的知名度不高，主要原因是若使用者的美术功底不足则不能很好地发挥它的优势。在Painter还只有2.0版的时候，美术功底较强的数字绘画初学者就可以用它完成作品。

该绘画软件有以下两大特点。

（1）模拟传统绘画的画笔。利用画笔可以模仿各种传统绘画的画面效果，其中的多种画笔具有重新定义样式、调节墨水流量、调节压感以及纸张的穿透能力等功能，使画面效果更加有传统绘画的画面质感，如图2-2所示。

图2-2 Painter绘画效果

（2）模拟传统绘画的画面质感。Painter软件中的油画效果是可以看到油画颜料的肌理与厚度，模拟传统绘画的画面质感十分优秀。在开始绘画时可以选择不同的虚拟画布，如亚麻布、水彩纸，画笔在不同画布上会体现不同的肌理，如图2-3所示为油画效果。

图2-3　Painter油画画面肌理

2.1.3　Procreate

Procreate是苹果公司（Apple Inc.）专为创意人士使用移动设备（Apple ipad）打造的一款专业绘画应用软件，它的优点是便于携带，对创作的环境要求不高，可以随身携带进行数字绘画创作。软件里自带的画笔类型很丰富，还可以另外下载画笔，能满足大部分使用者的需求，绘画效果如图2-4所示。缺点是图片图层的数量少和存储容量较小，比如在电脑中绘制的图片存储

图2-4　Procreate 绘画效果

空间可能很大（几百兆字节至几千兆字节），无法拷贝到苹果Apple ipad平台上用Procreate进行绘画修改。不过随着数字技术的快速发展，这个问题在将来应该会很快解决。

2.2　数字绘画风格与软件的关系

　　不同的绘画软件由于各自的功能和特点不同，所表现出来的画面效果也有所不同，例如Easy Paint Tool SAI软件比较适合线面平涂的绘画方式，如图2-5所示。Painter的优势和特点是可以模仿各种传统绘画效果，所绘制的画面效果也会偏向传统绘画。Photoshop软件设计之初是用于图片的处理修正。但是其功能比较全面，灵活性比较高，能够制作出很多个性化的画笔，能使画面更加丰富。绘画效果如图2-6所示。利用Photoshop软件也可以画出Easy Paint Tool SAI和Painter等软件的特定画面风格，所以目前用Photoshop绘画的人数量最多。

　　当然，这些软件是可以互相配合使用的，比如先利用Easy Paint Tool SAI强大的线稿绘制功能进行起稿，再用Photoshop进行明暗、颜色、气氛等大效果的绘制，然后用Painter的特殊画笔对画面进行最后的调整，将每个软件的优势整合在一起，完成一幅作品的绘制。

图2-5　Easy Paint Tool SAI软件绘画作品
（傅文　绘制）

图2-6　Photoshop软件绘画作品
（霄禾　绘制临摹）

2.3　数位板的介绍

想通过电脑进行数字绘画必须借助数位板或数位屏，这些硬件可以实现与传统绘画同样的绘画手感。

数位板，又名绘图板、绘画板、手绘板等，是计算机输入设备的一种，通常由一块手绘板和一支数位笔组成，作用类似传统绘画中的画板和画笔。

数位屏是数位板的升级版，它把压感等数位板的功能集成在一个电脑显示屏上，这样可直接在屏幕上绘画，更加直观。

对于数字绘画创作，数位板与数位屏就像传统绘画中画家的画板和画笔。

数位板的绘画功能是键盘和手写板无法媲美的。数位板可以模拟拿着笔在纸上绘画的感觉。它可以模拟各种各样的传统画笔，例如，模拟最常见的毛笔，当手部用力重的时候毛笔画笔能画很粗的线条，当用力很轻的时候，可以画出很细很淡的线条；还可以模拟喷枪，当用力更重的时候喷墨量更多、范围更大，而且还能根据数位笔倾斜的角度，喷出扇形等效果。此外，它还可以发挥电脑的优势，绘出使用传统工具无法实现的效果，例如，根据手部用力大小进行图案的贴图绘画，只需要轻轻几笔就能绘出一片开满大小不同、形状各异鲜花的芳草地。

下面简要介绍数位板的功能参数，以进一步了解数位板的功能。

（1）压感级别。压感级别就是用笔轻重的感应灵敏度，压感有三个等级，分别为512压感入门、1 024压感进阶、2 048压感专家。随着2 048压感的逐渐普及，1 024压感有变成入门级的趋势，就像当初1 024压感逐渐取代512压感。用数据来说，512压感可以把同等力度分为5份，1 024压感可以把同等力度分为10份，2 048压感可以把同等力度分为20份，压感级别越高，就越能感应到笔触的细微不同。

压感的测量方法：放大画布，看线条的粗细变化是否匀称，变化越均匀说明压感越高。

注意：有些绘画软件还不支持2 048压感。

（2）分辨率。在某种意义上，可将分辨率理解成数码相机的像素，常见的分辨率有2 540线/英寸（每英寸上等距离排列多少条网线；1英寸=2.54厘米）、3 048线/英寸、4 000线/英寸、5 080线/英寸。分辨率越高数位板的绘画精度越高。早期的数位板分辨率不高，将笔放在数位板上，光标会因为绘画精度不高而不断抖动，现今已经很少出现这个问题了。

数位板分辨率的设置原理：假设数位板可控制的区域由无数细小的方块组成，分辨率的高低就是指单位面积里方块数量的多少，方块越多，每画一笔，可读取的数据就越多，相同的一笔，分辨率越高，信息量越大，线条越柔顺。

（3）读取速度。读取速度即感应速度。常见读取速度：100点/秒、133点/秒、150点/秒、200点/秒、220点/秒。数位板的读取速度普遍都在133点/秒以上。由于受手臂移动速度的限制，读取速度的高低对绘画的影响并不明显，现行产品读取速度最低为133点/秒，最高为230点/秒，100点/秒以上时画笔操作一般不会出现明显的延迟现象，200点/秒基本没有延迟。

（4）板面大小。板面大小是数位板非常重要的参数。常见的板面大小：147毫米×98毫米、224毫米×148毫米、311毫米×216毫米、152毫米×95毫米、216毫米×135毫米。

板面不是越大越好，板面太小较难进行精细的绘图操作，而且容易让手臂肌肉、关节过度劳损，最适合绘图的板面大小应该是绘画者的两个手掌放在数位板面上，基本上能容纳或者略微大一点。对数位板板面的选择，应注意：① 板面太小，手腕、手臂舒展不开；② 板面太大，手臂运动范围很大，容易疲劳；③ A4纸以上大小的板面是动画公司配合超大显示屏用于画场景的，普通绘画者并不需要。

2.3.1　数位板术语

（1）活动区域。数位板的活动区域就是绘图区域，又名工作区域。

（2）纵横比。纵横比是指数位板或数位屏的垂直方向尺寸与水平方向尺寸的比例。数位板的纵横比以4∶3为常见比例。与显示器宽屏比例对应的数位板纵横比为16∶9或者16∶10。

（3）点击力度。点击力度是指为了激发数位笔单击而必须施加到笔的笔尖的力量。

（4）双击间距。双击间距是指两次单击被作为一次双击接受时，光标可以在两个单击期间移动的最大间距。增大双击间距可以使双击更加容易，但是在某些图形应用程序中，较大的双击间距可能会使画笔操作产生延迟。

（5）双击速度。双击速度是指两次单击被作为一次双击接受时，两次单击期间所能间隔的最长时间。

（6）硬快捷键。硬快捷键是数位板板面上的实体按键，一般会有放大或缩小画笔、改涂层、放大或缩小画布、抓取画布、取色等功能，可以在数位板驱动程序中进行个性设置。

（7）软快捷键。在数位板活动区域中有一些相应的功能符号，被称为软快捷键。用数位笔单击这些符号即可获得相应的组合键效果，但不是特别方便，在新款的数位板中已经逐渐被硬快捷键取代。

（8）触摸功能。触摸功能是指在数位板活动区（数位板的绘画区）中可通过手势来控制鼠标，旋转、放大或缩小画布等。

（9）有源无线。最早期的数位板和手写板相同，笔通过数据线与数位板相连接，不方便绘画。后来，发展出有源无线和无源无线两种解决方案。有源无线是指笔内安装电池的无线笔，国内数位板品牌一般采用这种解决方案，主要代表为高漫、绘王、凡拓等品牌。

（10）无源无线。无源无线是笔内不需要装置电池的无线笔，影拓（Wacom）采用这种解决方案，国内品牌绘王也在开发无源无线。

（11）数位板驱动。所有的数位板都要安装相应的驱动，生产厂家会对驱动进行优化，让使用者能获得更佳的线条效果和更灵活的数位笔。在安装驱动的时候，要把之前用过的数位板驱动彻底删除，不然很可能会造成驱动冲突而无法正常使用数位板。

（12）横向。横向是指数位板放置的一个"方向"设置。在横向放置的状态下，数位板的状态指示灯位于数位板的顶部。

（13）映射。映射是指数位笔在数位板上与显示器屏幕上的光标位置之间的映射关系。

（14）快捷键。在Windows操作系统中，快捷键包括Shift、Alt和Ctrl。在Macintosh操作系统中，快捷键包括Shift、Control、Command和Ption。还可以自定义快捷键到任何一个键盘键或者程序。

（15）鼠标加速。鼠标加速是指可以用来调整数位笔在鼠标模式下的屏幕光标加速度的设置。

（16）绝对定位。数位笔的定位方式被称为绝对定位，鼠标的定位方式被称为相对定位。在把数位板配备的鼠标放到数位板上时，可以通过"拾起"和"滑动"操作移动屏幕光标，与使用传统鼠标相类似。

（17）笔芯。通过取笔器可以将磨损严重的笔芯替换，不同品牌的笔芯不能混用。影拓的笔芯还有不同选择，如摩擦笔芯、毡性笔芯、弹性笔芯等，以适应不同用户的使用需求。

2.3.2 数位板品牌选择

数位板的制造技术已经非常成熟，市场上的品牌也很多。下面介绍几个目前的主流品牌。

（1）影拓（Wacom）数位板。影拓是一家全球顶尖用户界面产品生产商。影拓数位板也是目前评价最好的品牌，无论是质量还是在用户体验上，都有很好的评价。

（2）友基数位板。友基数位板是友基科技有限公司研发的产品，这是一家拥有国际先进水平专业图形数字化产品的生产企业，是中国最早从事手写数字化产品研发、生产和服务的高科技企业之一，数位板的质量也是有保证的。

（3）凡拓数位板。凡拓数位板是精灵品牌（Genius）打造的数位板品牌，拥有强大的技术研发团队，Genius拥有专利权、著作权和商标权共433件，性价比比较高。

（4）汉王数位板。汉王数位板由国内文化创意产业龙头企业汉王科技有限公司研发生产，该企业主要生产价格较低的数位板产品。

（5）绘王数位板。绘王数位板由深圳市绘王动漫科技有限公司研发生产。这是一家致力于动漫、数字化绘图、手写输入等产品开发的专业企业。

第3章

Photoshop软件

3.1　Photoshop软件概述

Photoshop是由奥多比系统公司（Adobe Systems Incorporated）开发和发行的图像处理软件，简称"PS"，图3-1是Photoshop桌面图标。

图3-1　Photoshop桌面图标

Photoshop主要处理由像素组成的数字图像（位图或光栅图像）。使用其众多的编修与绘图工具，可以有效地进行图片编辑工作。Photoshop有很多功能，在图像、图形、文字、视频编辑等方面都有应用。

Photoshop有很多版本，其图片处理功能逐渐升级，同时对电脑的硬件要求也在提高，如果电脑硬件的配置不高，使用时会有卡顿现象，此时建议用低版本。

很多用户对安装Photoshop后的延迟现象有很大误解，这是因为Photoshop运行时需要暂存盘，暂存盘的内存容量决定图像的运行空间，通常所需暂存盘的内存容量为所处理文件的3～5倍。例如，想对一个容量为10兆字节的图像进行绘画或处理，至少需要30～50兆字节可用内存空间，如果分配的空间不足，软件的性能就会受到影响。若要提高Photoshop流畅的性能，可将物理内存占用的最大数值设置为

50%～75%。此外，可以自行设置暂存盘的空间和位置，路径为打开Photoshop，在界面最上方选择【编辑】→【首选项】→【性能】，如图3-2所示。在【暂存盘】框中，将所有盘符都打上对钩。这样可以增加运算的速度和存储空间。【内存使用情况】和【历史记录与高速缓存】的设置参数可以根据个人的需求进行调整，如图3-3所示。

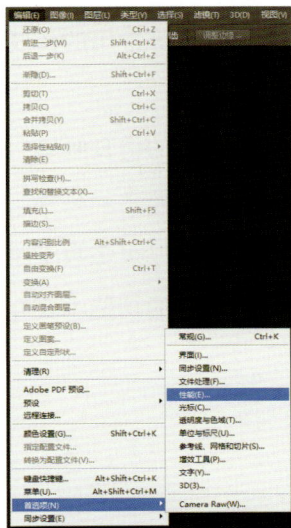

图3-2　Photoshop界面【编辑】工具栏中【首选项】菜单

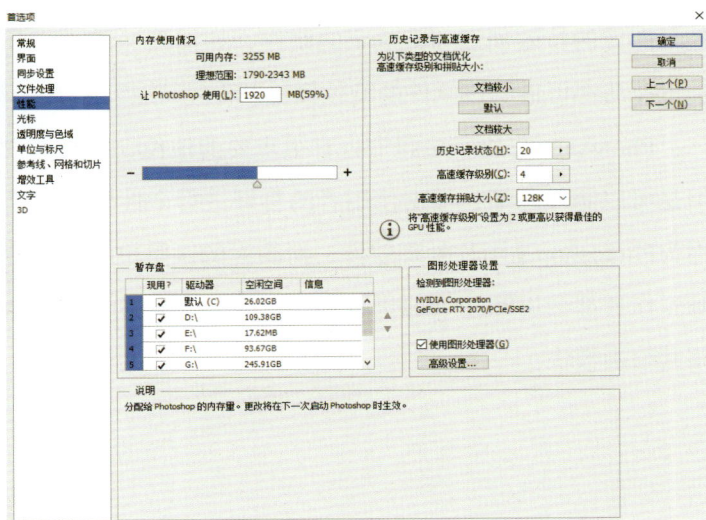

图3-3　【首选项】菜单中【性能】界面

3.2　Photoshop软件的功能

从功能上看，Photoshop软件具有图像编辑、图像合成、校色调色及功能色效制作等功能。

图像编辑是图像处理的基础，可以对图像做各种调整，如放大、缩小、旋转、倾斜、镜像、透视等，也可进行复制、去除斑点、修补、修饰图像的残损等。

图像合成是将几幅图像通过图层操作、工具应用，合成完整的传达明确意义的图像。

校色调色可方便快捷地对图像的颜色进行明暗、色偏的调整和校正，也可在不同颜色之间进行切换以满足图像在不同领域（如网页设计、印刷、数字绘画等）的应用。

功能色效制作在该软件中主要综合应用【滤镜】、【通道】及【工具】完成。包括图像的特效创意和特效字的制作，如油画、浮雕、石膏画、素描等常用的传统美术技巧都可借助该软件的特效插件制作完成。

Photoshop在数字绘画中占有很重要的地位，它虽然没有Painter中的仿真画笔，但是可以制作画笔，根据使用者的喜好进行个性化的配置，灵活性比较高。另外，因为Photoshop是图片处理软件，对画面的调整也有其独特的优势，所以很多数字绘画工作者都会用Photoshop进行创作。因此，本书中关于Photoshop软件的功能主要介绍其绘画模块。

3.3　Photoshop软件绘画模块简介

Photoshop里面的模块非常多，功能十分强大，随着版本的更新，功能也在不断地增强，在Photoshop中有几个模块是专门针对绘画设置的，接下来细致地了解一下。

3.3.1　工具模块

【工具】是控制Photoshop的基本工具。可以将【工具】中的选项分为"选择工具""裁切和切片工具""吸色工具""修补和修饰工具""图形和文本工具"五部分，每部分有数个工具选项，如图3-4所示。接下来分别介绍。

图3-4 工具栏

3.3.1.1 选择工具

（1）【移动工具】 ：可以移动被选区选择的区域，快捷键是V。

（2）【矩形选框工具】 ：软件默认形状是矩形，在图像上拖动鼠标进行区域选择。把鼠标放在【矩形选框工具】上点击鼠标右键，出现如图3-5所示"矩形工具"选择菜单，选择需要的形状进行选区，快捷键是M。

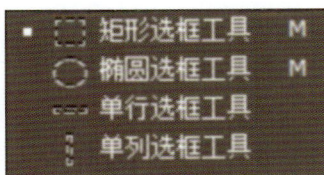

图3-5 矩形工具选择菜单

（3）【套索工具】 ：是【矩形选框工具】的补充，是不规则选区工具。【矩形选框工具】只能选择规则的图形，不能对不规则的图形进行选区。点击鼠标右键打开【套索工具】菜单，如图3-6所示，包含【套索工具】、【多边形套索工具】、【磁性套索工具】。【套索工具】是用鼠标或者数位笔来勾画选区，其优点是灵活多变，缺点是操作起来比较慢，需要小心控制选区的精度。【多边形套索工具】是用点的形式进行选区，画出来的图形是多边形，其优点是操作速度快，适合选择规则的形状，缺点是不能精准地选择复杂形状。【磁性套索工具】对所选的图像有严格的要求，要求选区的像素必须和四周有明显的分界线，否则它很难精准地选择出所需要的选区。快捷键是L。

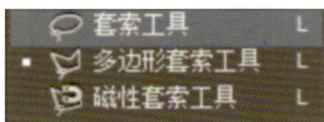

图3-6　套索工具菜单

（4）【魔棒工具】 ：用于选择像素相同或者类似的大面积色块，能快速选取选区。用鼠标右键点击【魔棒工具】，会多出一个【快速选择工具】 ，这个工具类似【魔棒工具】，但是需要用鼠标或者数位板画出选区的位置，可控性相比【魔棒工具】更灵活。为了能更好地控制选择的区域，可以调整【魔棒工具】选项栏里的"容差"（图3-7，A区），容差值越低对相同像素的识别度越高，能选取类似像素的范围就越小；相反，容差值越大，对于所选取的像素类似的像素就会有一定的识别度，选取的范围就会扩大。

图3-7　魔棒工具选项栏

在【矩形选框工具】、【套索工具】、【魔棒工具】这三个选区工具的选项栏中都会看到如图3-7中B区所示的界面，从左至右分别是下面四个工具选项。

1）【新选区】 ：每当点开【新选区】，之前的选区就会被取消。

2）【添加到选区】 ：当选择一个区域以后还想继续选择新的区域，可以点击【添加到选区】，这样新的选区和之前的选区都会被保留，快捷键是Shift+鼠标左键。

3）【从选区减去】 ：和【添加到选区】功能相反，它是在已有的几个选区中选择想删掉的选区，快捷键是Alt+鼠标左键。

4）【与选区交叉】 ：选择一个选区后，点击这个图标再进行选区，新的选区与之前的选区交叉的地方会被保留下来，没被选择和未交叉的区域会消失，快捷键是左Shift+左Alt+鼠标左键。

3.3.1.2　裁切工具

【裁剪工具】 ![icon]：用于重新裁切画布，既可以缩小画布尺寸也可以扩大画布尺寸，如图3-8所示。

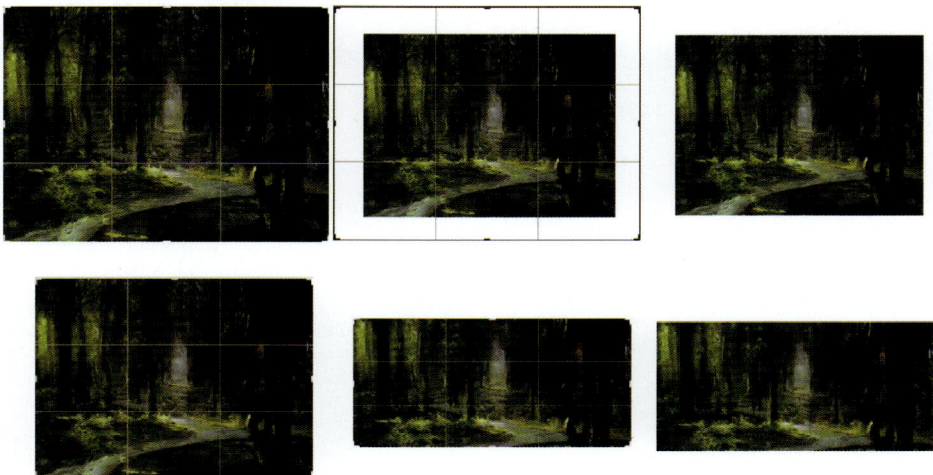

图3-8　使用【裁剪工具】放大与缩小画布尺寸

将光标定位在【裁剪工具】工具的位置，单击鼠标右键，弹出四种工具，如图3-9所示。

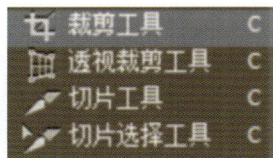

裁剪工具	C
透视裁剪工具	C
切片工具	C
切片选择工具	C

图3-9　【裁切工具】工具栏

（1）【透视裁剪工具】 ![icon]：用来裁剪带有透视关系的物体图片，裁剪以后会使带有透视关系的图片变成平视图，如图3-10所示。

原图　　　　裁切过程　　　　裁切后

图3-10　使用【透视裁剪工具】效果

（2）【切片工具】 ：用于对一张图像进行分切。方法：导入一张图片，点击【切片工具】，按住鼠标左键拖动鼠标，圈选要切片的图片位置。也可以对图片进行整体切片：将光标放在图片上点击鼠标右键，如图3-11所示，选择【划分切片】，设置【划分切片】对话框中的各项参数，如图3-12所示。点击【确定】按钮，生成被切片的分区图片，如图3-13所示。同时按Shift+Alt+Ctrl组合键（3键同时按下）+S，出现如图3-14所示的存储界面，点击【存储】按钮，"切片"被存储为单独的格式文件，如图3-15所示。

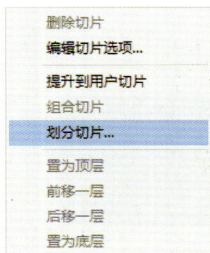

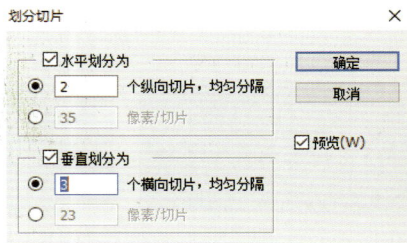

图3-11　【切片工具】　　图3-12　【切片工具】参数设置　　图3-13　图像切面

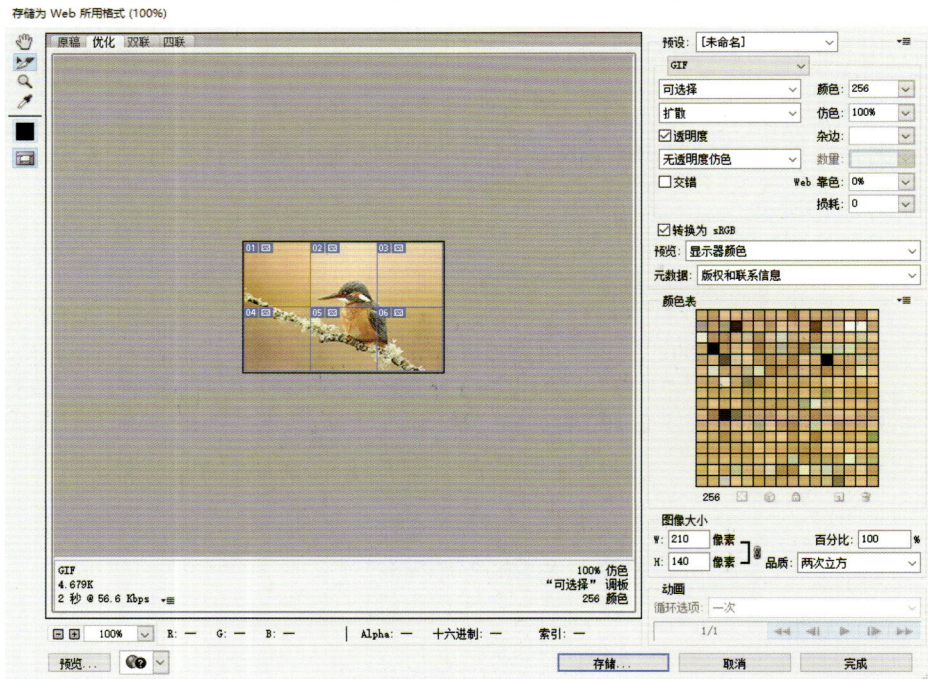

图3-14　【切片】对话框

未标题-4_01.gif　　未标题-4_02.gif　　未标题-4_03.gif

未标题-4_04.gif　　未标题-4_05.gif　　未标题-4_06.gif

图3-15　存储后的图片"切片"

3.3.1.3　吸管工具

【吸管工具】 ：用于根据图像颜色吸取颜色信息，配合画笔可以画出柔和的渐变颜色（快捷键是Alt）。这里主要介绍【吸管工具】中的【样本】功能。点击【吸管工具】，在Photoshop界面上方选项栏中找到【样本】（图3-16）。在【样本】下拉菜单中可以选择图层（图3-17），以确保在绘画时对颜色有针对性地吸取。软件默认的是【所有图层】，关于图层的知识点将在本章"3.3.4图层模块"介绍。【所有图层】是指可以综合吸取所有图层的颜色信息；【当前图层】是指只能吸取选择的图层内的颜色信息；【当前和下方图层】是指吸取当前图层和这个图层以下图层的颜色信息；【所有无调整图层】是指如果在图像制作或者绘画过程中，对图层进行了【色阶】或者【曲线】等调整，那么【吸管工具】就不会吸取此图层的颜色信息，即使这个图层在最上层，也不会被吸取。但是使用画笔之类的工具直接作用在图层的像素上是能够吸取颜色信息的。

图3-16　"吸管"选项栏中的【样本】

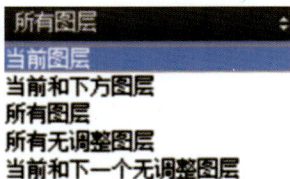

图3-17　【样本】下拉菜单

3.3.1.4　修补和修饰工具

（1）【修补工具】：主要功能是利用图像上其他位置像素对图像进行修补。

（2）【画笔工具】：在"3.3.2 画笔模块"介绍。

（3）【仿制图章工具】：用于复制标记好位置的像素信息修改图片。

（4）【历史记录画笔工具】：如图3-18所示，打开【窗口】找到【历史记录】。在Photoshop软件中所有操作的历史过程都可以在【历史记录】找到记录点，如果对之前的操作不满意，可以用【历史记录】还原到之前的记录点。所有记录中最初始的记录点是把图片导入Photoshop软件的那一刻［图3-19（A）］。这个记录点也是可以改变的，方法：点击【历史记录】界面中，即可取消原始记录点，找到所需要存储的历史操作记录节点，如点击图3-19（B）自由变换历史记录节点，即可完成新的历史记录点的存储。

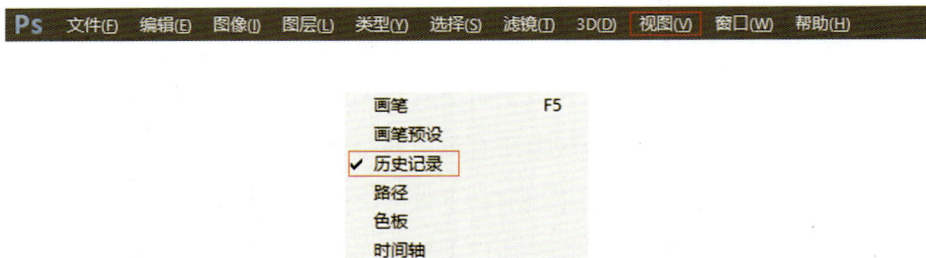

图3-18　"历史记录"位置

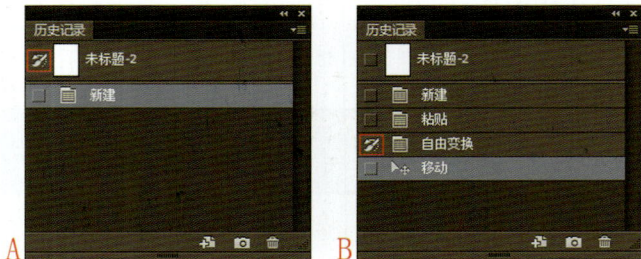

图3-19　【历史记录】界面

使用【历史记录画笔工具】选择不同的画笔样式，可以绘制出很多不同的画面效果。

在图3-20中，① 选择一个图片放入Photoshop中；② 用油漆桶对整个画面填充灰色，覆盖原图；③ 用【历史记录画笔工具】中的画笔在图②中进行涂抹，被涂抹的地方可以还原为①中的样子，即图片刚放入Photoshop中记录时刻的样子，其他没有被画笔涂抹的地方还是灰色；④ 选择具有特殊效果的画笔涂抹③中未被涂抹的地方，出现特殊画笔效果。

图3-20　【历史记录画笔工具】中的不同【画笔】的应用展示

　　将光标移动到【历史记录画笔工具】点击右键，弹出如图3-21所示的菜单。【历史记录艺术画笔工具】的使用方法和【历史记录画笔工具】一样，它的优点是可以模仿各种绘画风格，使画面效果更具有观赏性。并且在【样式】（图3-22）下拉菜单中（图3-23）有多种画笔模板可供选择。下面选取使用频率比较高的4种样式进行示范，图3-24是范例原图，图3-25是【历史记录艺术画笔工具】中【绷紧短】所示效果，图3-26是【历史记录艺术画笔工具】中【松散中等】所示效果，图3-27是【历史记录艺术画笔工具】中【涂抹】所示效果，图3-28是【历史记录艺术画笔工具】中【松散卷曲】所示效果。在进行【历史记录艺术画笔工具】涂抹的过程中，如果需要表现更多的细节，可以把画笔的大小数值调小，数值越小清晰度越高。

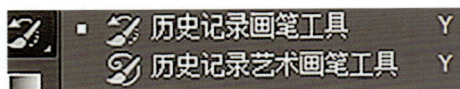

图3-21　【画笔】选项

图3-22　【样式】选项

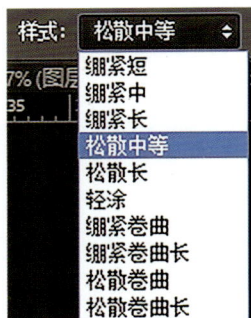

图3-23　【画笔】样式界面

图3-24　范例原图

图3-25　【绷紧短】样式效果

图3-26　【松散中等】样式效果

图3-27　【涂抹】样式效果

图3-28　【松散卷曲】样式效果

（5）【橡皮工具】▱：用于擦除图像中的像素，快捷键是R。

（6）【渐变工具】▭：渐变在绘画中运用的地方很多，可以很柔和地绘出渐变的效果，既可单独使用，也可和其他功能模块配合使用。可在【渐变工具】选项栏选择软件自带的一些模板（位置如图3-29所示）。将光标放置在"渐变工具模板上"（图3-29中红色圈选区域），双击鼠标左键可以打开【渐变编辑器】对话框，如图3-30所示。

图3-29　【渐变工具】选项栏

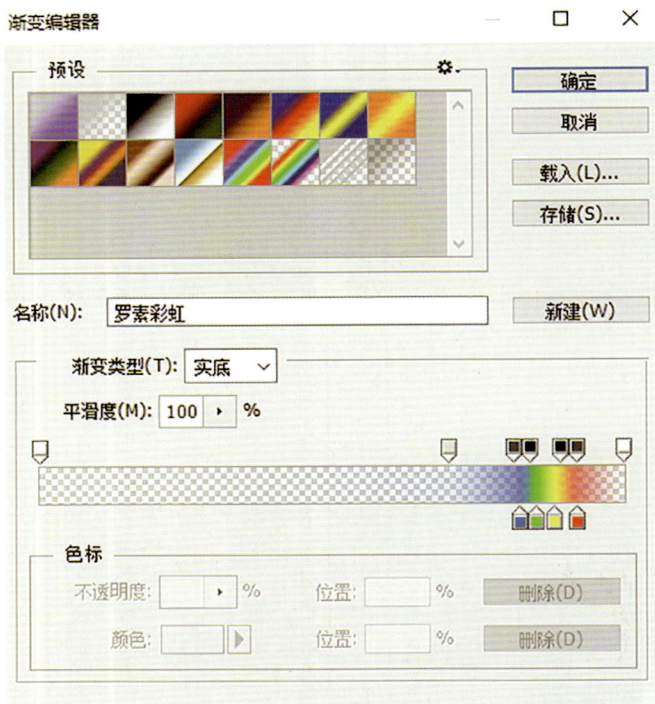

图3-30 【渐变编辑器】对话框

在【渐变编辑器】对话框中，可以在【预设】区域根据需要选择渐变模式。

通过【载入】选项可以加载渐变预设，可以搭配【存储】将常用的渐变预设存储起来，以备后用。通过【新建】可以将调整好的预设渐变模式加载到【预设】区域。

在图3-30中，有如图3-31所示渐变工具颜色调整模块，可以通过调整图3-31中的每个颜色标识模块的颜色来确定渐变工具中的颜色，如图3-32是重新设定的颜色信息所表现的渐变。要注意的是，渐变的柔和度是由两个颜色标识模块之间的距离决定的，距离越近变化越生硬，距离越远变化越柔和。

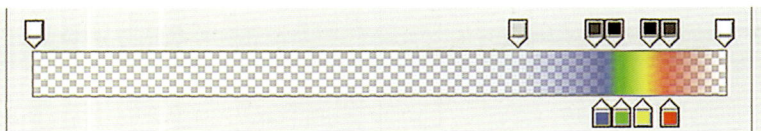

图3-31 渐变工具颜色调整模块

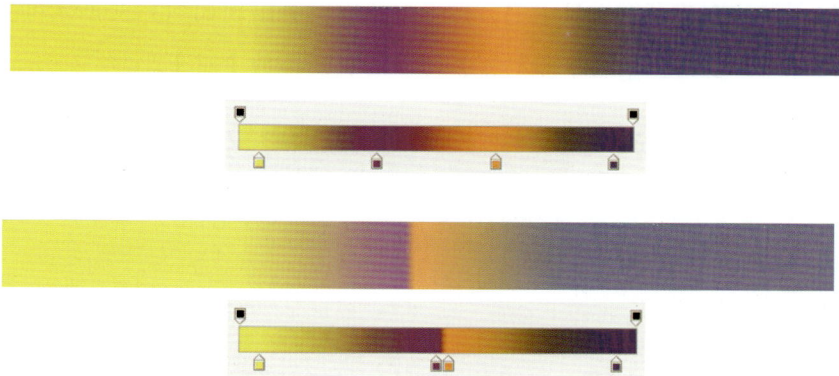

图3-32　渐变颜色

在【渐变工具】选项栏（图3-29）中有一组如图3-33所示的图标，可用来选择渐变样式，不同的渐变样式会产生不同的画面效果，如图3-34所示。

图3-33　渐变样式

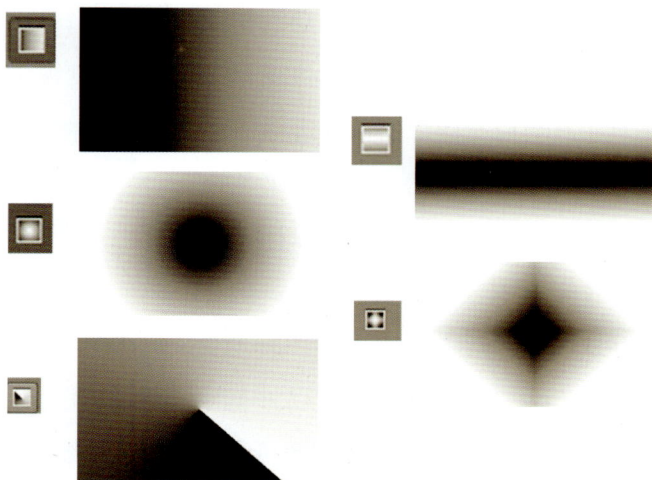

图3-34　渐变样式范例

将鼠标定位在【渐变工具】上，点击鼠标右键会出现如图3-35所示的菜单，可以看到另外两个工具：【油漆桶工具】与【3D材质拖放工具】。

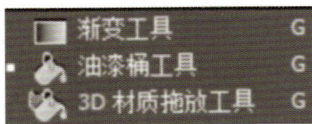

图3-35　【渐变工具】

1）【油漆桶工具】：可以快速对选区进行填充，当没有选区的时候，用【油漆桶工具】可以对全画面进行填充。

2）【3D材质拖放工具】：此工具与3D打印图案相关，本书不讲解。

（7）【模糊工具】：将光标放置在【模糊工具】上，点击鼠标右键，弹出如图3-36所示的【模糊工具】、【锐化工具】、【涂抹工具】，这三个工具在绘画时使用的频率很高。

1）【模糊工具】：可将涂抹的区域变得模糊。模糊处理有时候是一种表现手法，具有模拟视线聚焦的功能，将画面中主体以外的其余部分作模糊处理，就可以凸显主体。

2）【锐化工具】：与【模糊工具】的功能相反，锐化的作用是提高像素的对比度，使图像更清晰，一般用在所画事物的边缘，但不可以过度锐化。

3）【涂抹工具】：可以把图像的像素进行糅合。这个工具经常用于图像的后期处理，减少图像中的笔触，把像素过渡得更加柔和。刚开始运用【涂抹工具】时可能会觉得效果不好，涂抹不出想要的效果。在【涂

图3-36　【涂抹工具】

抹工具】选项栏中可以根据需求选择画笔（图3-37），软画笔和硬画笔涂抹出来的效果差异很大（图3-38）。可以调整画笔的大小间距和其他属性，也可以运用双重画笔对绘图效果进行适当的调整，这里的画笔可自行制作，详细介绍见"3.3.2画笔模块"。

图3-37　【涂抹工具】选项栏画笔选择

软笔刷涂抹

硬笔刷涂抹

图3-38　不同画笔涂抹效果

（8）【加深工具】：把鼠标放在【加深工具】上，按鼠标右键会弹出如图3-39所示的【减淡工具】、【加深工具】、【海绵工具】，这三个工具都是进行画面调整的重要工具。

图3-39　【加深工具】菜单

1）【减淡工具】：用于减淡画面的明暗。例如，在绘画的过程中过度注重细节的刻画，没有关注整体效果，当画完局部后发现局部用的笔墨太多，与整体不协调，需要进行淡化处理，就可以利用这个工具进行调整。这个工具的优点是不会破坏画面细节，只是在明暗上有所改变，如图3-40所示。

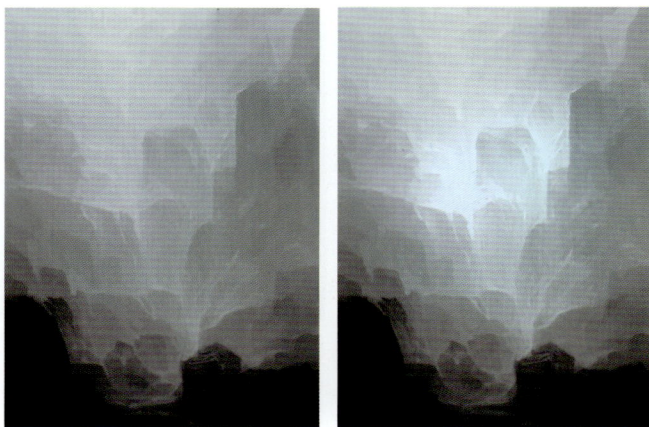

图3-40　【减淡工具】范例

2）【加深工具】：用于加深画面，与【减淡工具】的运用方法一样，图3-41
所示为【加深工具】运用范例。

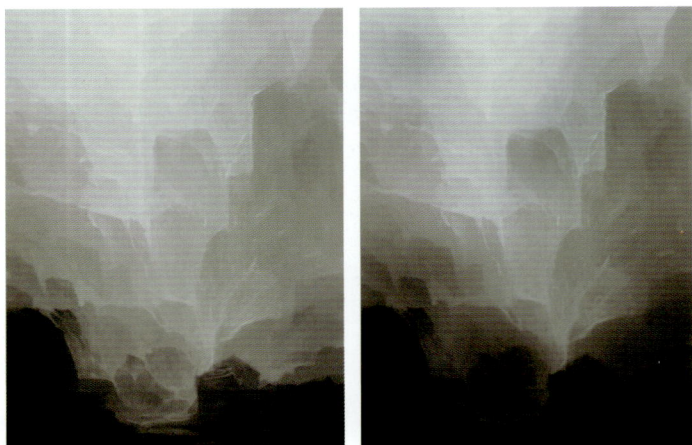

图3-41 　【加深工具】范例

3）【海绵工具】：【减淡工具】、【加深工具】是在明暗上进行局部调整，
【海绵工具】是在色彩上进行调整，可以增加或者降低色彩的饱和度，如图3-42
所示。

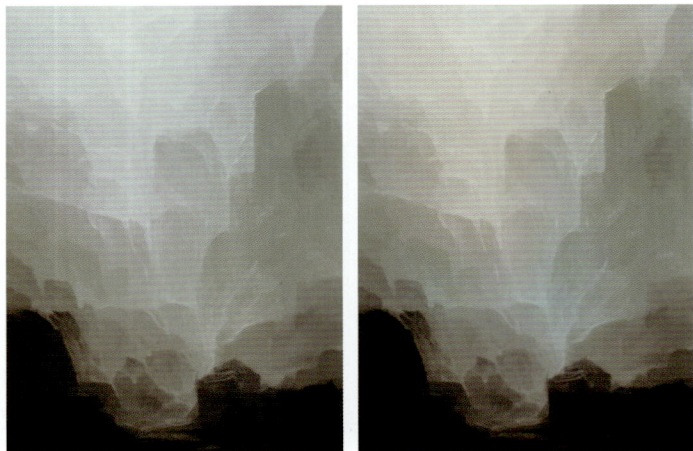

图3-42 　【海绵工具】范例

3.3.1.5　图形和文本工具

（1）【钢笔工具】█：可用于画一个形状，在绘画过程中使用频率还是比较高的。如图3-43所示为用【钢笔工具】绘制的路径。

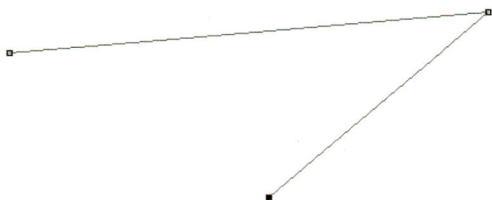

图3-43　用【钢笔工具】绘制路径

可将【钢笔工具】与【画笔工具】结合来绘制图案。方法：选择【画笔工具】，再选择硬边画笔█，然后点击"回车键"（小键盘回车键），软件会自动按【钢笔工具】绘制的路径画出线条，如图3-44所示。

图3-44　【钢笔工具】与硬边画笔结合绘制线条

选择特殊图案的画笔█同样可以按这个路径画出线条，如图3-45所示。

图3-45　【钢笔工具】与特殊图案画笔结合绘制线条

（2）【文字工具】█：用于在图层上加文字。在【窗口】下拉菜单中找到【字符】，如图3-46所示，点击【字符】，显示【字符】对话框，可以根据需要设置文字的字体、颜色、文字间距等，如图3-47所示，快捷键是T。

Ps　文件(F)　编辑(E)　图像(I)　图层(L)　文字(Y)　选择(S)　滤镜(T)　3D(D)　视图(V)　窗口(W)　帮助(H)

菜单项	快捷键
排列(A) ▶	
工作区(K) ▶	
扩展功能 ▶	
3D	
测量记录	
导航器	
动作	Alt+F9
段落	
段落样式	
仿制源	
工具预设	
画笔	F5
画笔预设	
历史记录	
路径	
色板	
✔ 时间轴	
属性	
✔ 调整	
通道	
✔ 图层	F7
图层复合	
信息	F8
颜色	F6
样式	
✔ 直方图	
注释	
字符	
字符样式	
✔ 选项	

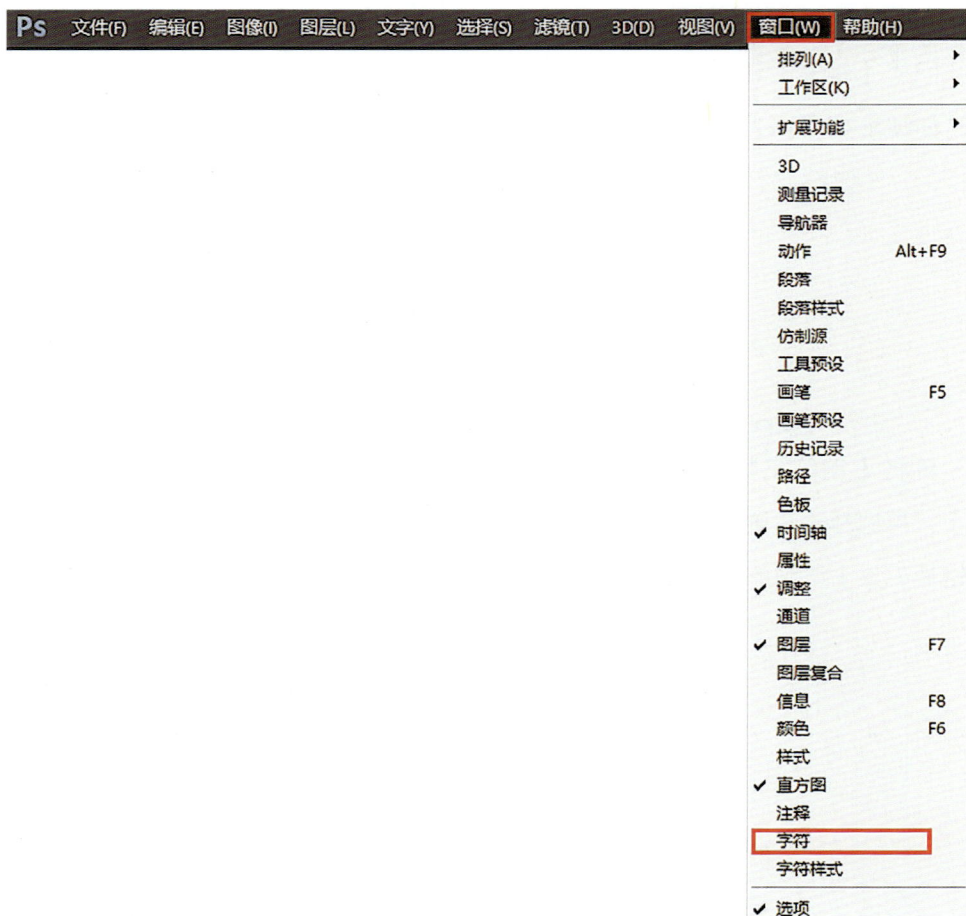

图3-46　【窗口】下拉菜单

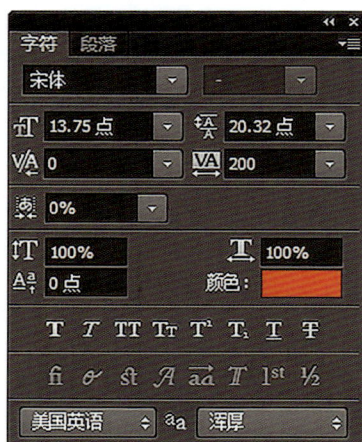

图3-47　【字符】对话框

（3）【矩形工具】■：用于快速绘出矩形。在【矩形工具】选项栏界面可以选择模式，如图3-48所示，有【形状】、【路径】、【像素】三种模式。最常用的是【像素】模式，在【像素】模式下画出来的直线或者图形直接是以像素的形式展现出来。将光标放置在【矩形工具】上，点击鼠标右键可看到图3-49所示的【矩形工具】形状选项，可选择工具样式。

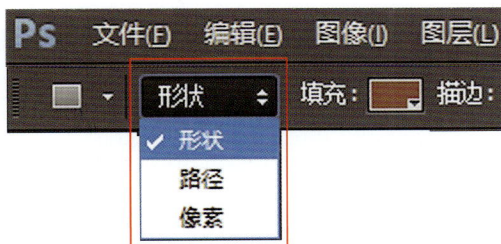

图3-48　【矩形工具】选项栏

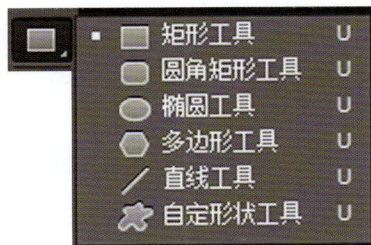

图3-49　【矩形工具】形状选项

重点介绍一下【自定形状工具】，在【矩形工具】选项栏中有一个【形状】选项，如图3-50所示。在【形状】里有一些软件系统默认的形状，这些形状与用【矩形工具】绘制出的是一样的模式。

图3-50　【自定形状工具】中形状选择

在绘画过程中可根据个人的绘画习惯自定义一些经常使用的形状，接下来通过一张图片介绍如何自定义形状。

1）找一个需要建立形状的图片，如图3-51所示。

图3-51　范例原图

2）方法：首先建立选区，然后通过选区进行【建立工作路径】的操作，最后通过"路径"创建【定义自定形状】。当然，在Photoshop中，通常有多种方法实现同样的目标效果，所以知道方法后可以自由发挥。

例如，可以用前面讲过的选区工具选择图片区域，这里选用的命令是【色彩范围】。在【选择】命令里找到【色彩范围】（图3-52），单击【色彩范围】，出现如图3-53所示对话框，用右边的吸管工具点击图像中要选择的位置，如选择白色的浪花位置，在图3-53中【颜色容差】框中设置颜色容差值，其数值越大选取的范围就越大，精度越差；相反，数值越小选取的范围就越小，精度越高。可根据实际情况调整颜色容差值，选择好要选取的范围后点击【确定】，出现如图3-54所示的选区效果。

图3-52 【选择】命令中【色彩范围】

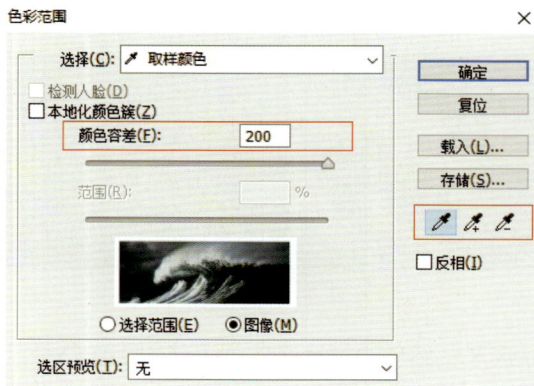

图3-53 【色彩范围】对话框

图3-54 图像利用【色彩范围】进行选区

3）点击选区工具中任意一种工具（【套索】、【矩形选框工具】、【魔棒工具】等），将光标放置在图像上点击鼠标右键弹出【建立工作路径】对话框，如图3-55所示，选择【建立工作路径】后会出现如图3-56所示的对话框，软件默认容差值为1.0，点击【确定】，工作路径就建立成功了，如图3-57所示。

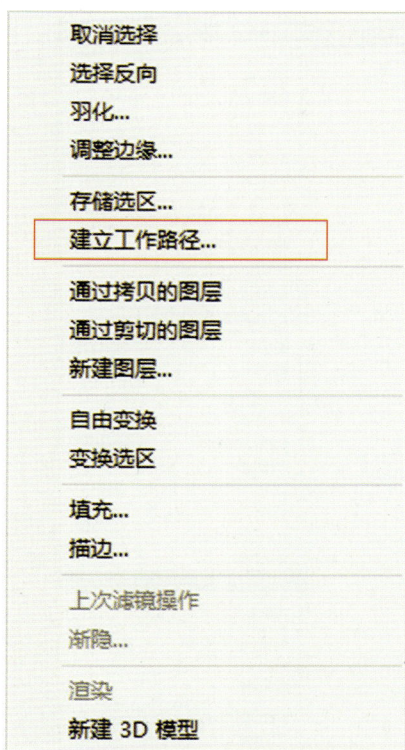

图3-55 选区工具右键菜单

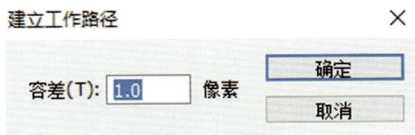

图3-56 【建立工作路径】对话框

图3-57 图像【建立工作路径】

在【编辑】菜单中选择【定义自定形状】，如图3-58所示，出现【形状名称】对话框（图3-59），给新建立的形状命名，点击确定。

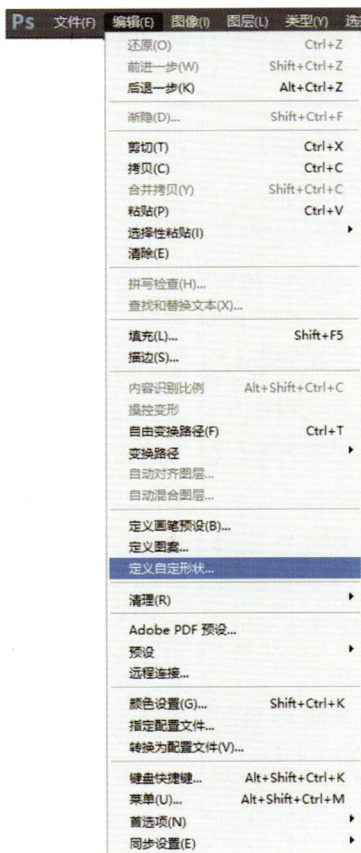

图3-58 【编辑】菜单

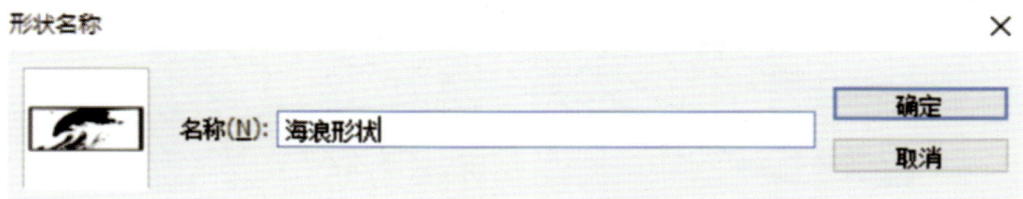

图3-59　【形状名称】对话框

回到【自定形状工具】选项栏点击【形状】，出现软件自带的所有形状，新创建的形状也在其中，最后一个就是新建的形状，如图3-60所示。

图3-60　【形状】菜单

点击选择新建的形状，在图层上按住鼠标左键拖拽，可以控制图形的大小和形状，如图3-61所示。

图3-61　自定义的形状

下面展示笔者用同样的方法制作的一些自定义形状，如图3-62所示。

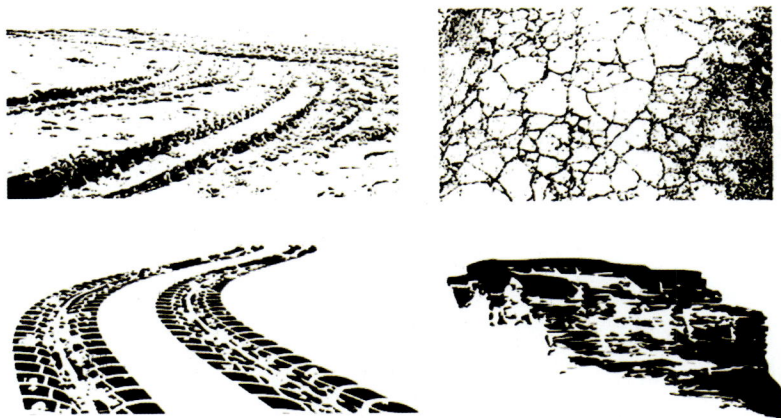

图3-62　自定义形状范例

3.3.2　画笔模块

画笔模块的主要作用是调整与制作画笔，对于数字绘画来说画笔的设置十分重要，特殊的画笔能画出特殊的效果。

首先在Photoshop操作界面上方的菜单栏中，点击【窗口】（图3-63），找到【画笔】（图3-64）。

图3-63　菜单栏

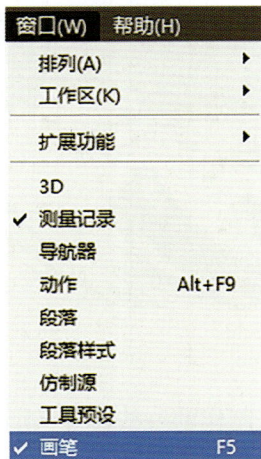

图3-64　【窗口】菜单

在【画笔】选项上打√。在Photoshop操作界面中就会出现画笔图标，如图3-65所示。

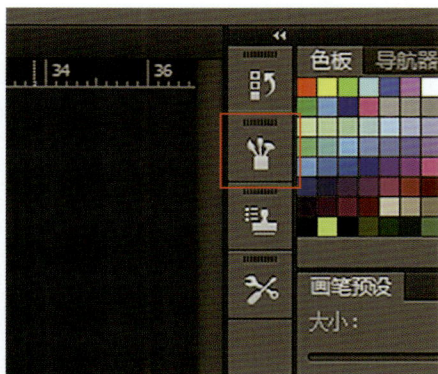

图3-65　画笔图标

点击【画笔】，打开【画笔】面板，如图3-66所示。红色圈选区域就是主要的画笔调整命令，下面分别介绍各自的作用和用法。

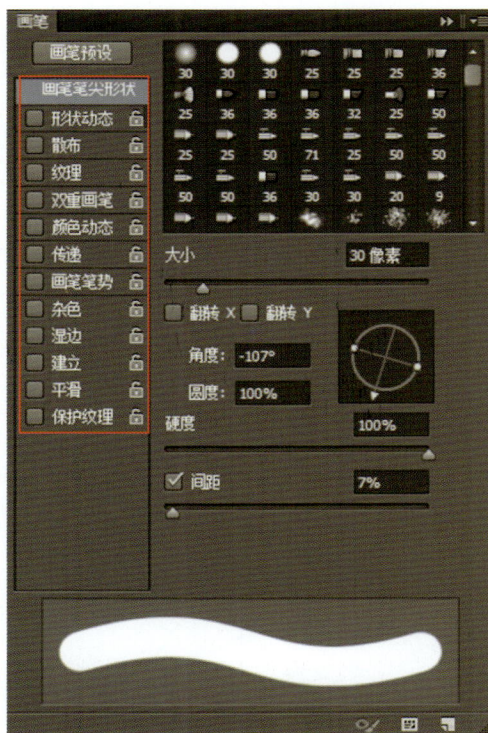

图3-66　【画笔】面板

对于数字绘画而言，画笔是决定画面效果的主要因素之一，所以这一部分针对数字绘画讲解画笔的使用方法，下面用30号的硬画笔（图3-67）为例介绍图3-66所示的每个选项的作用。

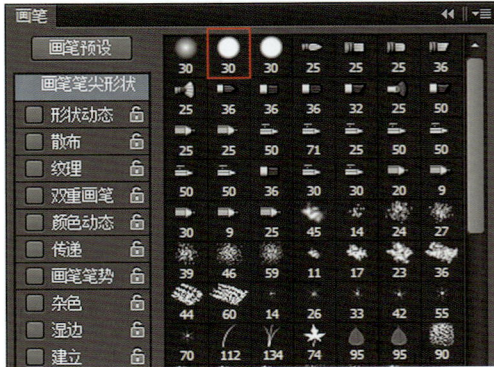

图3-67　30号硬画笔选择

（1）【画笔笔尖形状】：点击图3-68红框1所在位置，在这个界面里可以选择系统自带的各种画笔。而且可以对画笔的形状、大小、角度等进行调整，可以灵活地画出各种不同的线条。

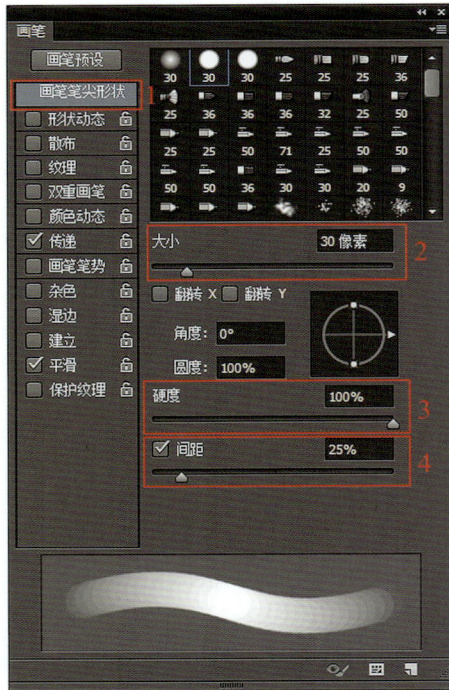

图3-68　【画笔】面板中画笔笔尖形状命令

在图3-68红框2中，三角滑块的作用是调整画笔大小，也就是笔触的粗细。方法：既可以通过设置像素数值调整，也可以用鼠标拖动三角滑块调整。图3-69所示是30号硬画笔用不同画笔像素画出的线条。

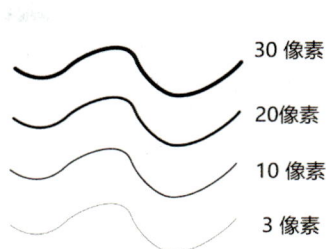

图3-69　不同像素画笔线条

图3-68红框3所示的作用是调整画笔的形状，可以根据需要对线条的形状进行调整。数字绘画中经常用的方法：用鼠标拖动███这个圈上面的点，也可以拖动或旋转██的角度。图3-70所示是通过拖动或旋转██生成的不同形状的画笔范例。

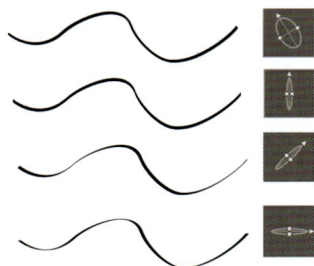

图3-70　不同形状的画笔对比

图3-68红框4所示用于调整画笔的硬度，即调整画笔边缘的软硬效果。方法：用鼠标左右拖动三角滑块图标。图3-71所示是硬度分别为0%和100%的画笔。

图3-68红框5所示用于调整画笔的间距，可以生成很多特殊的画笔效果。方法：用鼠标左右拖动三角滑块图标。把间距调大可以发现Photoshop软件中画笔所画的线是由点组成的，间距越大越能体现出画笔的每一个点的具体形状，在画"锁链""项链"等这些带有循环图案的画面时就可以利用这个功能。图3-72所示是不同画笔间距画出的线条效果。

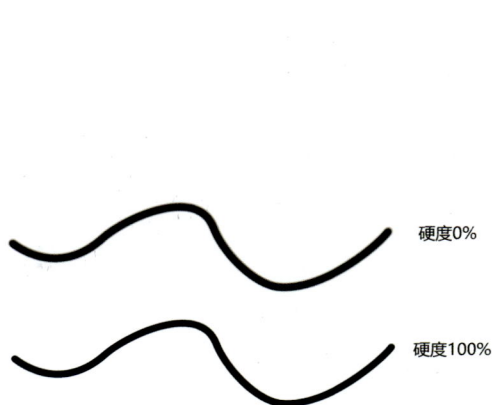

图3-71　画笔的不同硬度对比

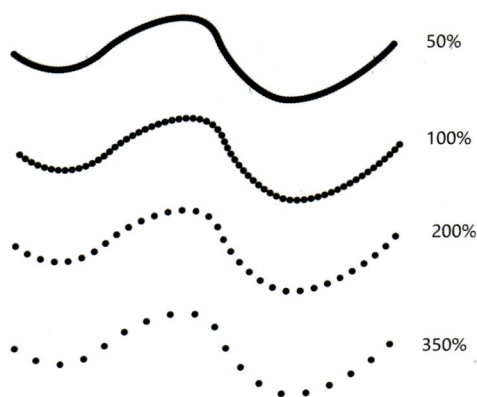

图3-72　不同画笔间距对比

通过调整【画笔】面板中的各项命令（硬度、大小、角度、圆度、间距等），可以预设画笔笔尖的形状，画出诸多类型的线条（图3-73）。

图3-73　不同画笔笔尖形状画出的线条

（2）【形状动态】：在【画笔】模板中，选择【形状动态】，面板右侧显示【大小抖动】、【最小直径】、【角度抖动】等的命令选项（图3-74所示）。

【大小抖动】：用于调整画笔线条的粗细。调整方法：一是可拖动三角滑块进行调节，因其随机性很强，很少用它调节画笔。二是在"控制"命令里有"关""渐隐""钢笔压力""钢笔斜度""光笔轮"五个命令，如图3-75所示。这些命令主要是针对数位板的数位笔设置的，只有用数位笔时，这些命令才能更好地起作用。"关"是不使用大小抖动的功能，是软件

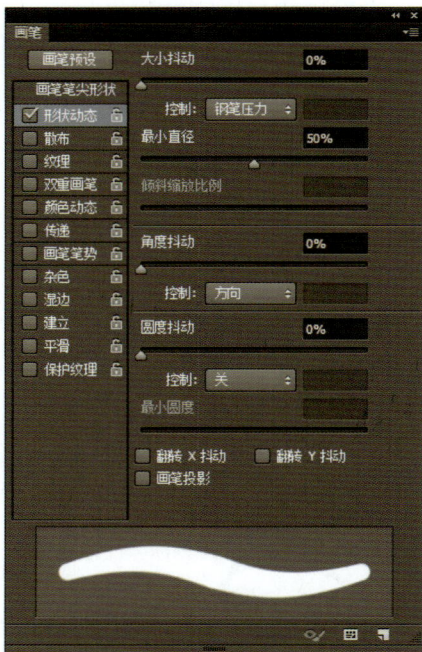

图3-74　【画笔】面板中【形状动态】命令

默认的命令。"渐隐"的效果是画笔前面粗后面细，如图3-76（A）所示；使用数位板时通常选择"钢笔压力"，用于通过数位笔在数位板上的力度变化画出不同粗细的线条，可以模仿传统绘画的画笔在画板上的力度变化的绘画效果，如图3-76（B）所示；"钢笔斜度"可以模仿画笔倾斜时所画出来的线条，线条形状扁粗，如图3-76（C）所示；"光笔轮"是针对影拓系列产品中的喷枪笔设置的，选择"光笔轮"可以使喷枪笔的指动轮直接控制笔头喷墨量的大小。

图3-75　钢笔压力

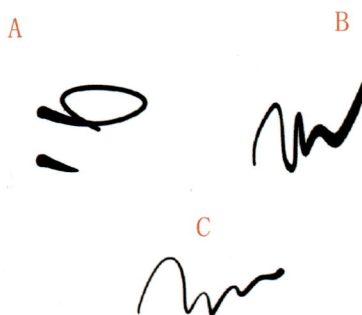

图3-76　渐隐（A）、钢笔压力（B）、钢笔斜度（C）命令下的笔尖所绘制线条效果图

　　【最小直径】：用于使用数位板绘画时，调整用最小力度所画线条的最小直径，数值越小所画的线条越细，数值越高所画的线条越粗。

　　【倾斜缩放比例】：只能与【控制】中的"钢笔斜度"匹配使用，即选择"钢笔斜度"时，这个选项才可以使用，调节的效果是使画笔更加倾斜。

　　【角度抖动】：用于绘制边缘位置参差不齐的线条，拖动三角滑块，可以调整线条边缘的参差度，数值越小参差度越小。【角度抖动】下面的"控制"选项，与【大小抖动】里"控制"选项中的命令是一样的，可以参考。使用该功能的前提是要选用有棱角的画笔，否则线条边缘不会有变化，此功能无效。比如选择23号画笔（图3-77 ）调整【角度抖动】以后的画笔形状如图3-78所示。画笔在图层上画出的效果，如图3-79所示。

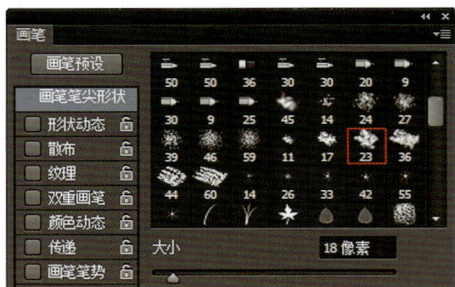

图3-77　23号画笔

图3-78　23号画笔调整【角度抖动】后的画笔形状　　图3-79　23号画笔调整【角度抖动】后画出的效果

【圆度抖动】：调整每一个组成画笔的形状的变化。例如，图3-80所示的画笔形状，调整【圆度抖动】最小圆度为1%的效果，如图3-81所示。

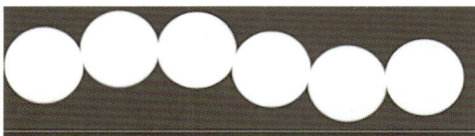

图3-80　画笔形状

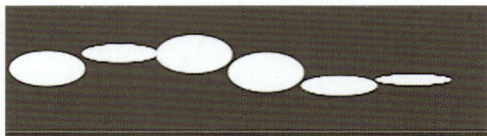

图3-81　调整【圆度抖动】后效果

（3）【散布】：用于调整画笔笔迹的分散程度，数值越大，分散的范围越广。【散布】中的命令选项如图3-82所示。启用"两轴"选项框，画笔笔迹将以中心点为基准向两侧分散。"控制"选项和【形状动态】中的命令一样，一般情况下使用"钢笔压力"，便于用数位板的用力程度来掌控散布范围。散布可以和【画笔笔尖形状】中的【间距】相结合，如图3-83所示是逐步调大【间距】的效果。

图3-82　画笔【散布】命令

图3-83　【散布】与【画笔笔尖形状】中的【间距】结合使用效果图

【散布】中的【散布】、【数量】与【画笔笔尖形状】中的【间距】三者结合使用可以画很多形状相同、大小不同的物体，比如星空等，如图3-84所示。

图3-84　【画笔】中【散布】应用实例

（4）【纹理】：用于在画笔中添加纹理，使画笔线条更具有变化，笔触更加丰富。在图3-85所示界面中可以选择纹理的纹样，可以调整纹理的属性（缩放、亮度、对比度等），在学习数字绘画初期建议少用【纹理】功能，因为其随机性很强，很难画出画面精度比较高的作品，可以在画背景的时候酌情运用，这里不细致讲述。图3-86所示是用软件自带的不同纹理画出的效果。

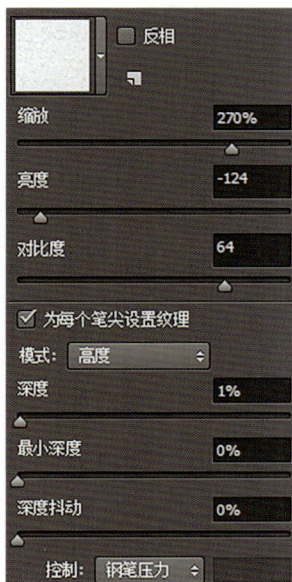

图3-85　纹理界面

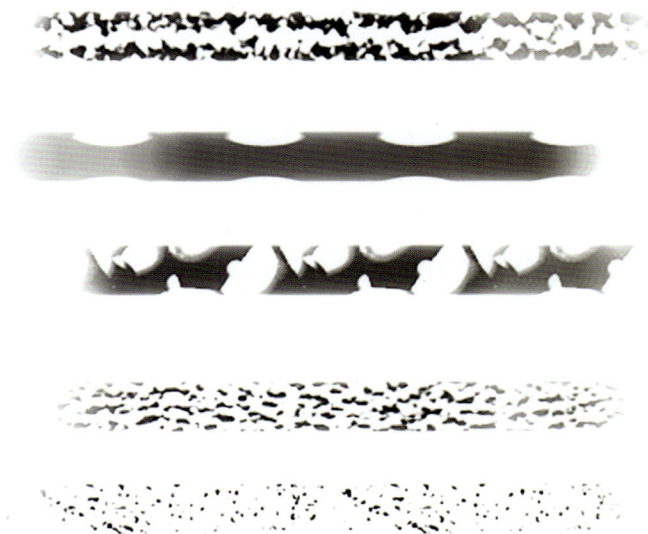

图3-86　画笔纹理效果图

（5）【双重画笔】：是画笔工具调整中非常重要的一个选项，是制作画笔的首选项，原理是将两个不同样式的画笔组合成新的画笔。图3-87中，用鼠标左键点击【模式】会出现混合模式菜单，如图3-88所示，【正片叠底】、【变暗】、【颜色加深】、【线性加深】是指主画笔与新选画笔混合时新画笔以降暗的形式体现出来，是通过滤除图像中的亮调图像，从而达到使画笔变暗的目的；【叠加】、【实色混合】融合主画笔和后选画笔的属性特点；【颜色减淡】是通过滤除图像中的暗部信息，达到使画笔变亮的效果。因为画笔多种多样，两种画笔混合

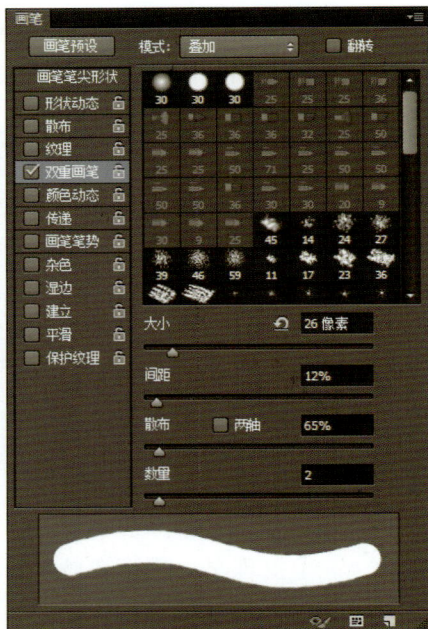

图3-87 【双重画笔】命令

出来的效果也多种多样，图3-89所示为不同混合模式的双重画笔模式，所以在用双重画笔时要多尝试。例如，主画笔选择▨，在【双重画笔】中选取▨（图3-90），如图3-91所示设置大小、间距、散布、数量等，效果如图3-92所示。需要注意的是，在使用【双重画笔】时必须同时打开【传递】选项，如图3-93所示，把【传递】中的【不透明度抖动】的【控制】选项选为【钢笔压力】，若在不打开【钢笔压力】的情况下，画笔没有透明度，两个画笔无法互相起作用。

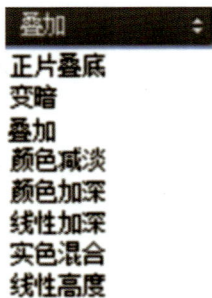

图3-88 双重画笔混
合模式菜单

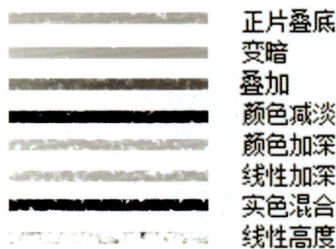

图3-89 不同混合模式的双重画笔样式

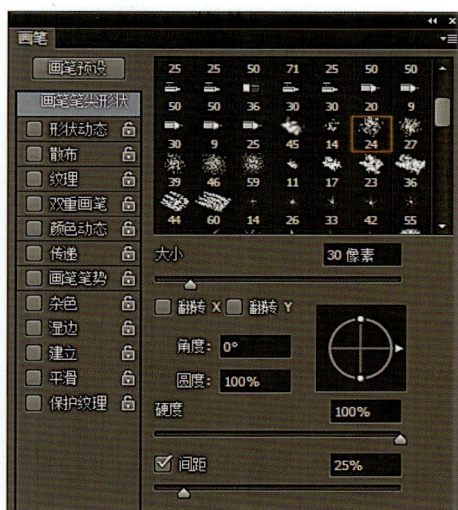

图3-90　举例【双重画笔】选择画笔

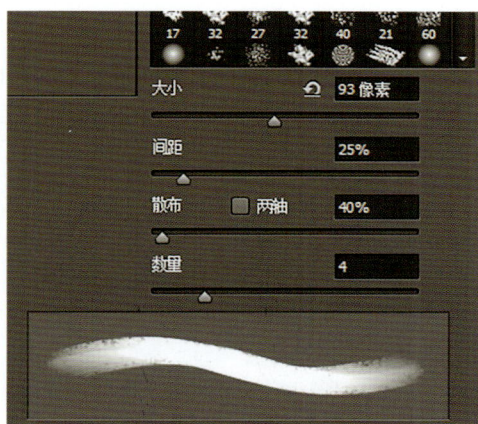

图3-91　设置【双重画笔】选项

图3-92　【双重画笔】举例效果

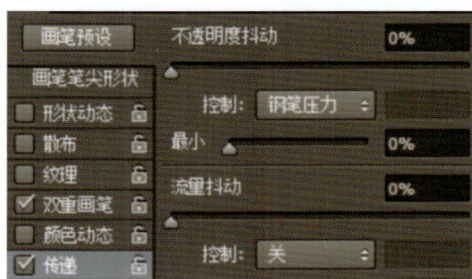

图3-93　开启传递选项

（6）【颜色动态】：用于调节画笔颜色。可以根据需求对各项命令进行调整，如图3-94所示。

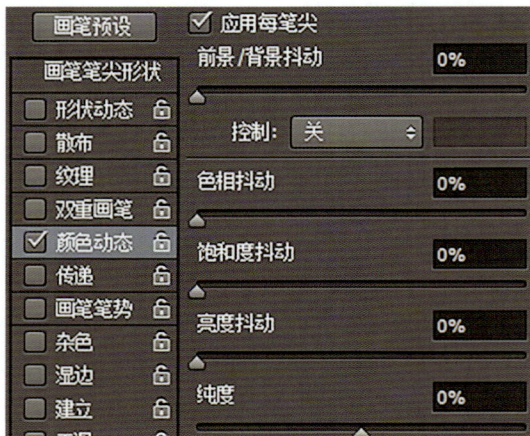

图3-94　【颜色动态】命令

下面详细说明【颜色动态】里各项命令的作用。

1）【前景/背景抖动】：首先在工具栏（图3-4）找到选择颜色的图标，即【前景色与背景色】选项，这里用"红色"与"浅蓝色"来进行举例，前面的红色是前景色，后面的浅蓝色是背景色。【前景/背景抖动】的作用是使前景色与背景色互相混合，混合比例随机出现，如图3-95所示。

图3-95　【前景/背景抖动】画笔效果

2）【色相抖动】：用于调整画笔颜色色相。色相变化的程度随着百分比数值的增加而增加，数值小，色相变化小；数值变大，则色相变化就大。图3-96所示是逐渐增大百分比数值时画笔画出的效果。

图3-96　色相抖动

3）【饱和度抖动】：用于调整画笔颜色的饱和度，随着百分比数值的增大，颜色饱和度的变化越大。图3-97所示是【饱和度抖动】百分比数值逐渐增加后画出的效果。

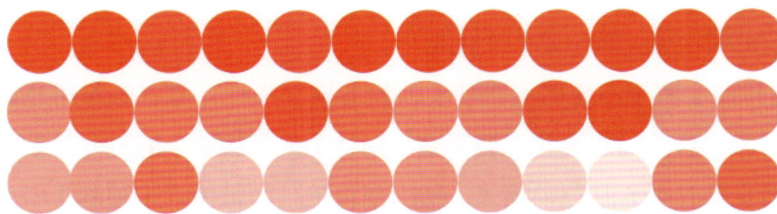

图3-97　饱和度抖动

4）【亮度抖动】：用于调整画笔的明暗，随着百分比数值的增大，亮度的变化越明显。图3-98所示是【亮度抖动】百分比数值逐渐增加后画出的效果。

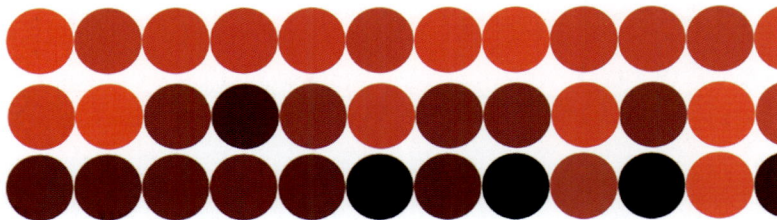

图3-98　亮度抖动

5）【纯度】：用于调整画笔颜色的纯度，百分比数值越小纯度越低，到达临界值后纯度就饱和了，变化不明显，图3-99所示是【纯度】百分比逐渐增大的效果。

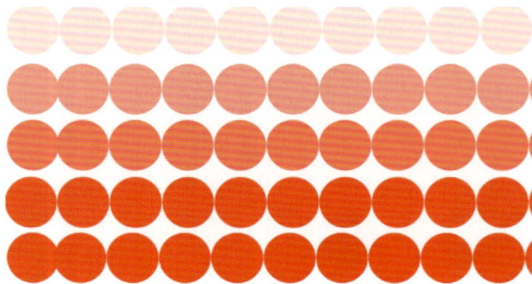

图3-99 纯度

（7）【传递】：是体现数位板功能的最基础设置（图3-100），只有打开【传递】选项，数位笔画出来的线条才会有深浅的变化，模拟真实绘画手感。在【传递】命令界面，【不透明度抖动】命令中的三角滑块一般不调整，因为它的变化是随机的，效果是随着百分比数值增大不透明度变化越明显。【控制】中的命令，一般选择【钢笔压力】。在【不透明度抖动】百分比数值为零，【控制】选择【钢笔压力】情况下，笔触的效果是渐变比较柔和，如图3-101所示。【最小】是限定画笔不透明度的最小值，数值越大变化越小。

【流量抖动】和【不透明度抖动】的调节规律一样，前者的作用是控制画笔的流量，后者的作用是控制画笔不透明度。调整【流量抖动】的百分比数值，画笔的流量会随之变化，因为是抖动模式，所以变化也是随机的。【控制】中的命令也是经常选择【钢笔压力】，这样可以根据对手写板的用力程度控制画笔流量。【最小】是限定画笔流量的最小值，数值越高变化区间越小。一般将数值调整为最低值，主要靠手写板用力程度控制流量。

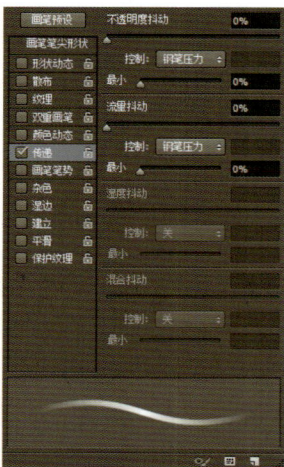

图3-100 【传递】命令界面

图3-101 打开【传递】后的画笔

（8）【画笔笔势】：用于调节Photoshop中一些自带的特殊画笔的倾斜、旋转、压力等属性。例如，选择毛笔画笔，在Photoshop界面中会显示，如图3-102所示。

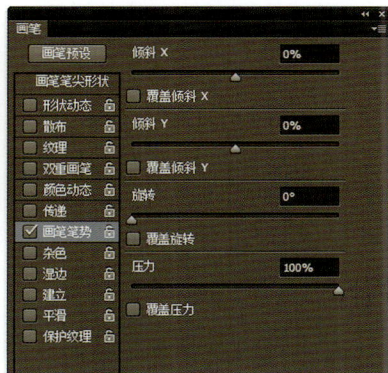

图3-102　【画笔笔势】命令

（9）【杂色】：用于在选择的画笔上添加一些杂色，如图3-103、图3-104所示。

（10）【湿边】：用于减淡原画笔中间位置明暗，加深边缘颜色，如图3-105所示。

图3-103　原画笔　　　　图3-104　加了杂色的画笔　　　图3-105　添加湿边的画笔

（11）【建立】：简单来说，【建立】的功能就是模仿现实中喷枪的效果。如果未启用【建立】，用画笔点画布，在不动画笔的情况下只会出现一个点。如果启用【建立】，用画笔点画布，在不动画笔的情况下笔迹会越来越重，类似水笔的墨水在不停流出，直到笔触达到最大浓度值。

注意：一定要使用喷笔类型的画笔，硬笔画笔的效果不明显。

（12）【平滑】：作用是在画笔笔迹边缘形成柔和羽化效果，生成更加平滑的曲线。当使用数位笔进行快速绘画时，该选项效果明显。

（13）【保护纹理】：是与【纹理】功能结合使用的，启用【保护纹理】选项，此时纹理已经被保护，笔迹的纹理会更加明显。

3.3.2.1　制作画笔

制作画笔是Photoshop比较重要的功能，是数字绘画中能画出各种画面风格作品的重要前提，下面介绍如何制作画笔。

（1）根据需求画一个图案，也可以在网络中找一个合适的图案，如图3-106
所示。

（2）打开【文件】，点击【新建】，把选择好的图像复制到新建图层上。
注意：一定是新建图层，在这个图层上除了选择的图案以外，其他位置必须是
空白（无像素）的。如图3-107所示。

图3-106　图案　　　　　　　　　　　图3-107　图层范例

（3）在菜单界面中点击【编辑】（图3-108），弹出【编辑】下拉菜单（图
3-109）。

图3-108　菜单界面

在【编辑】下拉菜单中选择【定义画笔预设】，如图
3-109所示。出现【画笔名称】对话框，给新制作的画笔命
名，点击确定，画笔就做好了，如图3-110所示。

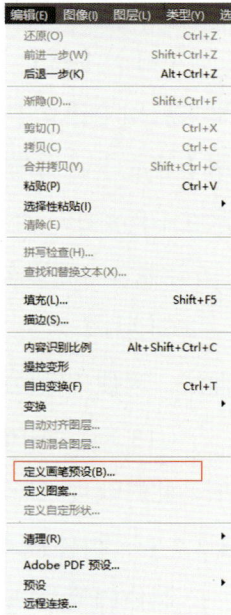

图3-110　【画笔名称】对话框

（4）点击画笔，打开【画笔预设】的窗口或者【画笔】
窗口，找到刚刚制作的画笔，如图3-111所示。

图3-109　【编辑】下拉
菜单

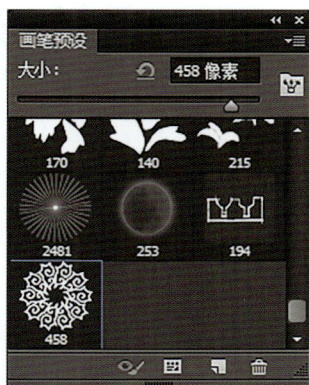

图3-111　【画笔预设】界面

图3-112是调整【间距】和【颜色动态】，利用新的画笔画出的图案。

图3-112　自定义画笔展示

制作画笔的方式有很多，不仅可以是图案，也可以是图片中的任何素材。想要在图片中截取素材进行画笔的制作必须利用"选择工具"，方法：对制作画笔的部分进行选区，再重复上面的操作。如图3-113所示。

图3-113　图案画笔范例

3.3.2.2　工具预设模块

【工具预设】在Photoshop中非常重要，不仅用于数字绘画，还用于修整图片。它的主要作用是把经常使用的工具存储起来，每次使用时可以在【工具预设】中直接选择。例如，花费很多时间，调整（双重画笔、间距、散布等）出一个画笔，切换到别的画笔以后，之前用心费力调整出的画笔就消失了，再想使用的时候就需要重新调整，但是如果把之前调整过的画笔存储在【工具预设】里，就可以一直保留，每次使用时都能直接找到它。当然【工具预设】里还有其他工具的保存与选择，下面只针对画笔功能对【工具预设】进行讲解。

在图3-114所示菜单栏中找到【窗口】，点击鼠标左键打开【窗口】下拉菜单，找到图3-115中的【工具预设】，在上面打√。

图3-114　菜单栏

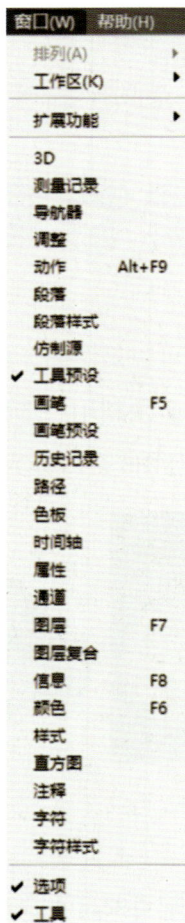

图3-115　【窗口】下拉菜单

界面中弹出【工具预设】的窗口，如图3-116所示。图3-117所示工具栏中的工具选项都可以储存在【工具预设】中。把经常用的工具或者设置的数值保存起来能加快绘画的速度。

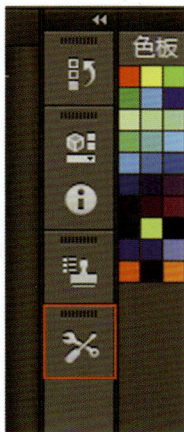

图3-116 【工具预设】对话框　　　　　图3-117 工具栏

接下来讲解如何保存"画笔工具"，打开【工具预设】，在图3-117所示工具栏中选择【画笔】工具，界面中弹出【工具预设】对话框，如图3-118所示。

图3-118 【工具预设】对话框

要在图3-118中3圈选位置的【仅限当前工具】打上√，如果没打√，软件默认的所有工具的预设都会在这个窗口里体现出来，在绘画初期，设置的工具比较少，容易找到，而后期【工具预设】中积攒很多工具，要找到想用的工具就需花费很多时间。在图3-118中2圈选位置就是存储画笔的地方，已经被存储的画笔就会出现在这里。调整好想要保存的画笔，点击图3-118圈选4位置的图标，会出现【新建工具预设】对话框，如图3-119所示。

图3-119　【新建工具预设】对话框

在【新建工具预设】对话框，给新建的画笔命名。【包含颜色】是指记录存储画笔时画笔的颜色，即工具预设中的画笔不仅能体现画笔形状，还可以还原画笔的颜色信息，可以根据情况选择是否勾选。点击确定，在【工具预设】对话框中就会出现新保存的画笔，当想用这个画笔时可以快速选取，如图3-120所示。

图3-120　【工具预设】中新建的画笔工具

点击图3-118中1圈选位置，打开【工具预设】窗口，弹出【复位工具预设】、【载入工具预设】、【存储工具预设】、【替换工具预设】等选项，如图3-121所示。

图3-121　工具预设窗口

【复位工具预设】：功能是恢复到【工具预设】的初始状态。如果【工具预设】里的工具太多，并且不想继续保留，就可以点击【复位工具预设】，【工具预设】中的2圈选位置就会初始化，回到最初的状态。

【存储工具预设】、【载入工具预设】：当更换电脑时，由于已经习惯了原有电脑上的那些工具，换了新电脑需要重新制作很多习惯用的工具，无法快速进入绘画状态。【存储工具预设】就能很好地解决这个问题。点击【存储工具预设】在文件名的位置命名，选择位置存储，如图3-122所示。

图3-122　【存储工具预设】另存为界面

如此，【工具预设】就被存储起来了，拷贝到移动设备中就可以复制到其他电脑上。【载入工具预设】就是把拷贝的【工具预设】重新输入电脑Photoshop的过程。点击【载入工具预设】在文件夹中找到存储的【工具预设】，点击确定，如图3-123所示。

图3-123　【工具预设】载入界面

【替换工具预设】：在【载入工具预设】时是把存储的工具添加到【工具预设】中，而【工具预设】中原有的工具还存在，如果不想保留原有的工具，可选择【替换工具预设】，在【工具预设】中原有的工具就会被存储的工具全部替换。

3.3.3　颜色模块

在绘画中不可避免地要用到颜色，在Photoshop中颜色模块有特殊的运算规律，只有熟练掌握这个规律才能调整出需要的颜色。

在【窗口】下拉菜单中点击【颜色】，如图3-124所示。在Photoshop界面中会出现【颜色】对话框，如图3-125所示。

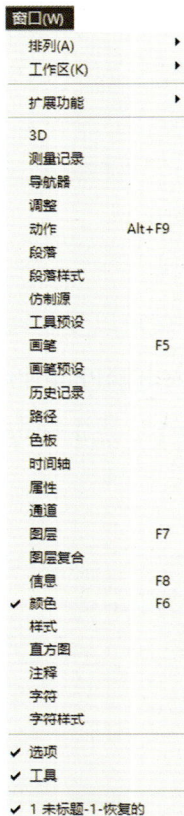

图3-124 【窗口】菜单

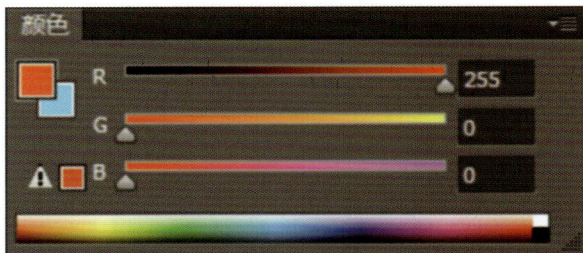

图3-125 【颜色】对话框

Photoshop软件默认的色彩模式用RGB表示。RGB色彩模式是工业界的一种颜色标准，是通过红（R）、绿（G）、蓝（B）三个颜色通道的变化以及它们相互之间的叠加来得到各式各样的颜色，RGB即是代表红、绿、蓝三个通道的颜色，这个标准几乎包括了人类视觉所能感知的所有颜色，是目前运用最广的颜色系统之一。要想熟练掌握调整色彩的技巧，就要理解RGB色彩模式的工作原理。RGB色彩模式是从颜色发光的原理来设计的，通俗地说，它的颜色混合方式就好比有红、绿、蓝三盏灯，当它们的光相互叠合的时候，色彩相混，而亮度却等于三者亮度之总和，混合度越高亮度越高，即加法混合。加法混合的特点是越叠加越明亮，红、绿、蓝三盏灯叠加时中心三色最亮的叠加区为白色。

　　红、绿、蓝三个颜色通道每种颜色各有256阶亮度，即RGB数值，数值越大颜色越明亮，数值越小颜色越暗。RGB数值相同时为灰色，没有任何颜色倾向，数值的大小只表现明暗的变化，如图3-126所示；RGB数值都为255时，是最亮的白色，如图3-127所示；RGB数值都为0时，是最暗的黑色，如图3-128所示。

图3-126　RGB中灰度颜色

图3-127　RGB中白色

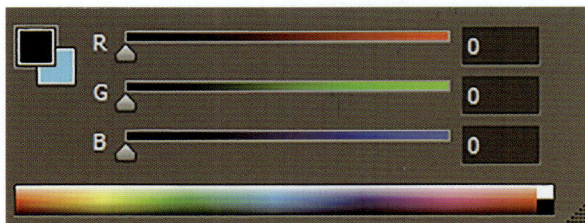

图3-128　RGB中黑色

　　在【颜色】对话框（图3-129）中1圈选位置是选择颜色的地方，可以点击鼠标左键打开【拾色器】（图3-130）选择颜色。吸色工具用吸管表示，这是最基础的选择颜色的方法。

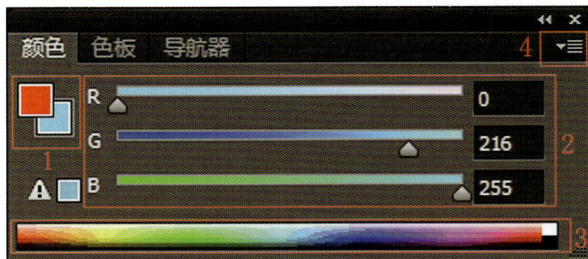

图3-129   【颜色】对话框

在【拾色器】对话框中有一个三角形的叹号 ⚠️ ，当出现叹号图标的时候表示所选取的颜色是打印机无法打印出的颜色。在绘画创作中很多时候都涉及打印。而在电脑显示器中可以显示的颜色，不一定能还原到打印实物上。如果需要打印，一定要注意这个标志。如果想看打印出来的是什么颜色，可以直接点击这个叹号，它会自动出现可以打印的、与之最接近的颜色。

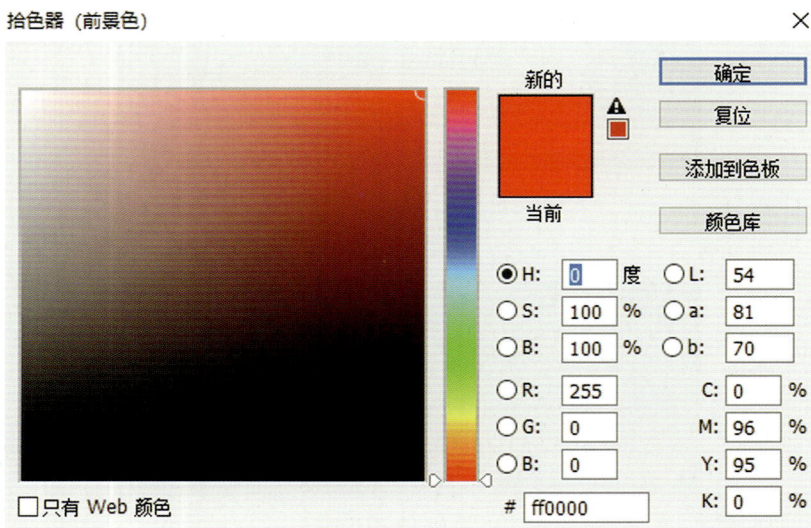

图3-130   【拾色器】对话框

图3-129中，2圈选的位置用于调整颜色，可以用拖动三角滑块调整颜色，也可以通过输入0~255的数字调整。

在图3-129中3圈选的位置用于选择色相，可以直接用鼠标在上面点击。

在图3-129中4圈选的位置用于选择色彩模式，打开后出现色彩模式选择菜单，如图3-131所示，只能选择一种模式。

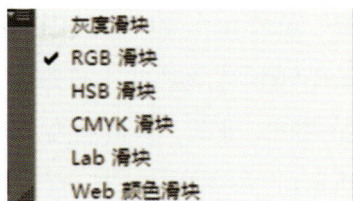

图3-131　色彩模式选择菜单

【灰度滑块】：只能显示灰度的调节界面，如图3-132所示。

图3-132　灰度滑块

【RGB滑块】：软件默认模式，调节方法是在R、G、B上调节（图3-126至图3-129）。

【HSB滑块】：H代表"色相"，S代表"饱和度"，B代表"明暗"。通过拖动三角滑块进行调节，如图3-133所示。

图3-133　HSB滑块

【CMYK滑块】：一种用于印刷品的色彩模式。颜色是由阳光或灯光照射到纸上，再反射到眼中，才看到的内容。四种标准颜色：C（Cyan）为青色，又称为天蓝色或湛蓝；M（Magenta）为品红色，又称为洋红色；Y（Yellow）为黄色；K（Black）为黑色。虽然在有的文献里认为K应该是Key Color（定位套版色），但这是与制版时所用的定位套版观念混淆而有此一说。此处缩写使用最后一个字母K而非开头的B，是为了避免与Blue混淆。CMYK模式是减色模式，与之相对应的RGB模式是加色模式。两者的最大区别：RGB模式是用于屏幕显示发光的色彩模式，在一间黑暗的房间内仍然可以看见屏幕上的内容；CMYK需要有外界光源，就好比在黑暗房间内无法阅读印刷的内容。只要是在屏幕上显示的图像，就是RGB模式表现的。只要是在印刷品上看到的图像，就是CMYK模式表现的。比如期刊、报纸、宣传画等，都是印刷出来的，所用的就是CMYK模式。如图3-134所示。

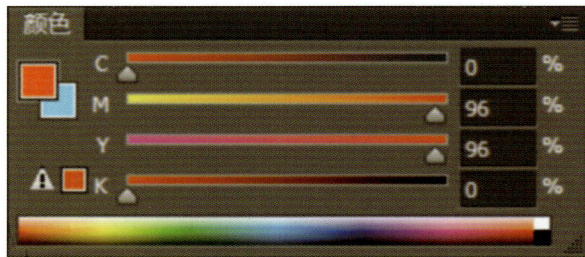

图3-134　CMYK滑块

　　【Lab滑块】：Lab色彩模式是基于人对颜色的感觉而设定的，是一个理论上包括视力正常的人眼可以看见的所有色彩的色彩模式。因为Lab描述的是颜色的显示方式，而不是设备（如显示器、桌面打印机或数码相机）生成颜色所需的特定色料的数量，所以Lab色彩模型被视为与设备无关的颜色模型。颜色色彩管理系统使用Lab作为色标，用于将颜色从一个色彩空间转换到另一个色彩空间。Lab色彩模型是由亮度（L）和与色彩有关的a、b三个通道组成。L表示明度，a表示从洋红色至绿色的范围，b表示从黄色至蓝色的范围。L通道的数值范围为0～100，L=50时，就相当于50%的黑；a和b通道的数值范围为+127～-128，a通道值为+127就是红色，到-128时就变成绿色；同样原理，b通道值为+127是黄色，-128是蓝色。所有的颜色由这三个值交互变化所组成。例如，设置L=100，a=30，b=0时，显示粉红色（注：此模式中的a通道、b通道颜色与RGB模式不同，洋红色更偏红，绿色更偏青，黄色略带红，蓝色有点偏青色）。Lab色彩模式除了上述不依赖于设备的优点外，还具有它自身的优势：色域宽阔。它不仅包含了RGB、CMYK色彩模式的所有色域，还能表现它们不能表现的色彩。凡是人眼能感知的色彩，都能通过Lab模型表现出来。另外，Lab色彩模式的绝妙之处还在于它弥补了RGB色彩模式色彩分布不均匀的不足，因为RGB模式在蓝色到绿色之间的过渡色彩过多，而在绿色到红色之间又缺少黄色和其他色彩。如果想在数字图形的处理中保留尽量宽阔的色域和丰富的色彩，最好选择Lab色彩模型。在Photoshop中显示如图3-135所示。

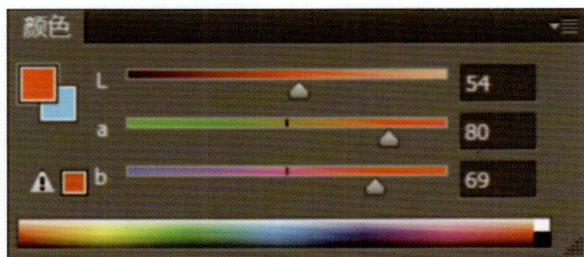

图3-135　Lab滑块

【WEB滑块】：WEB标准颜色是指可以直接以英文名称的形式在网页脚本中使用的一组RGB颜色，WEB标准色共计140种。颜色列表有爱丽丝蓝、查特酒绿、玉米穗黄、深金菊黄、陶坯黄、深松石绿、薰衣草紫等。在后面直接输入数字的位置用的是RGB16进制。在Photoshop中显示如图3-136所示。

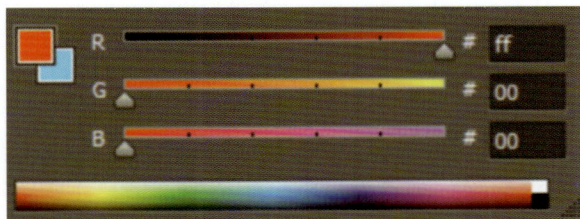

图3-136　WEB滑块

3.3.4　图层模块

图层就像是含有文字或图形等元素的胶片，一张张按顺序叠放在一起，组合起来形成的画面。可以在图层中加入文本、图片、表格、插件，也可以在图层里再嵌套图层。图层是数字绘画的重要组成，了解图层的知识能更快更好地完成一幅作品。在【窗口】菜单中点击【图层】（图3-137），会弹出【图层】对话框，如图3-138所示。

图3-137　【窗口】菜单—图层

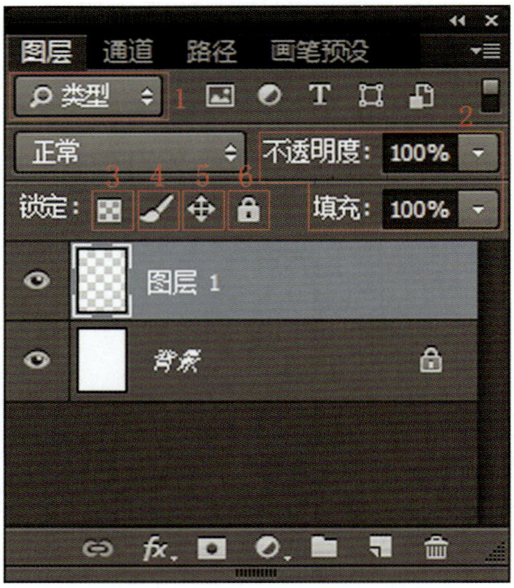

图3-138　【图层】对话框

在图3-138中1圈选的【类型】是在图层中的属性类型，用于快速地筛选图层。

在图3-138中2圈选的【不透明度】和【填充】用于调整图片的透明度，透明度低时，下一层的信息就被更多地显示出来，透明度高时就会阻挡下一层的信息。

在图3-138中3圈选的图标用于锁定图层中的像素信息，锁定以后就只能在锁定的像素上进行修改，其他空白位置不会有任何变化，如图3-139所示。

图3-139　锁定图层应用范例

在图3-138中4圈选的图标用于锁定图像的像素，打开这个画笔图标后不能再对这个图层内的像素进行修改，但是可以整体移动或者裁切。

在图3-138中5圈选的图标用于锁定图像信息中的位置，锁定后图像里的信息不能被移动，图层信息得以保护。

在图3-138中6圈选的图标用于锁定图层，锁定后不能对图层做出任何修改。

在图3-138中7圈选的图标，用于设置图层混合模式。图层混合模式决定当前图层中的像素与其下层图层中的像素以何种模式进行混合，也是在图像处理中最为常用的一种技术手段。使用图层混合模式可以创建各种图层特效。根据各混合模式的基本功能，大致分为6类，如图3-140所示。

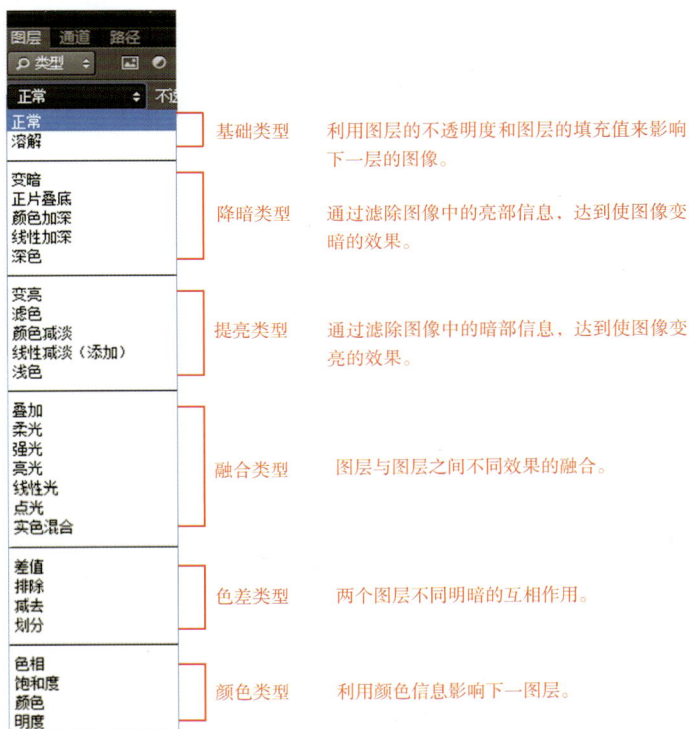

图3-140　图层模式菜单

每一种图层的混合模式都很重要，有很多画面效果是通过这些图层模式调整出来的，第6章、第7章实例中会详细介绍。

在【图层】对话框中，下方有一排辅助图层的设置功能，如图3-141所示。

（1）【图层样式】：图3-141中1圈选的图标，用于修改图层样式，打开以后可以对图层进行特殊效果处理，也可以通过双击需要调整的图层打开【图层样式】，如图3-142所示。此项功能主要用于修改图片，在数字绘画中应用的频率很低，所以简单介绍。

图3-141　【图层】面板

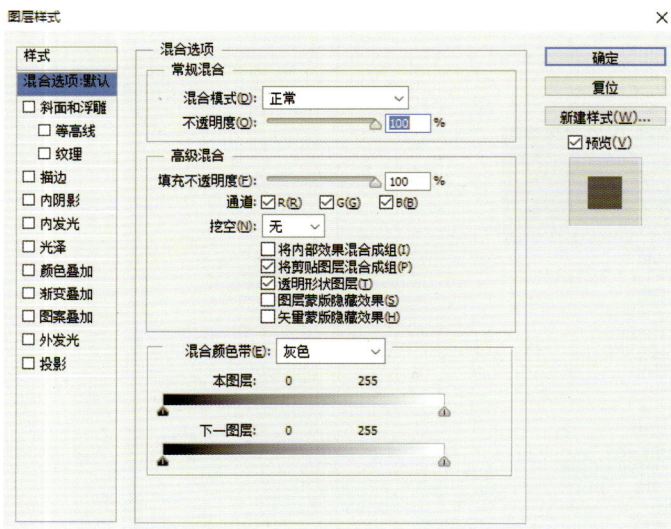

图3-142　【图层样式】

下面具体分析每种功能的效果。

【样式】：里面有一些模板，可以直接作用到图层上，同样也可以将提前设定好的样式存储起来，留作以后使用，如图3-143所示。

图3-143　【样式】

　　【混合选项：默认】：是调整图层样式的基本选项，【混合模式】里面的选项和图层的混合样式功能一样，【高级混合】是对通道和有蒙版的时候进行调整。

　　【斜面和浮雕】：在原有的二维像素上进行斜面和浮雕的效果调整，如图3-144所示。

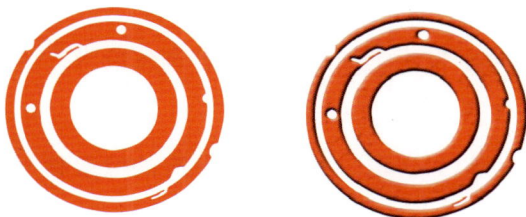

图3-144　【斜面和浮雕】范例

　　【描边】：在原有的像素边缘进行描边，如图3-145所示。

图3-145　【描边】范例

　　【内阴影】：在原图的像素内部形成阴影，制作出体积感，如图3-146所示。

图3-146　【内阴影】范例

　　【内发光】：在原有像素上制作出内发光的效果，也可调节内部体积，如图3-147所示。

图3-147 【内发光】范例

【光泽】：在原有的像素上加上光泽，若调整恰当，可以制作出体积感，如图3-148所示。

【颜色叠加】：可以另选取一种颜色和原有的像素颜色进行叠加。

【渐变叠加】：可以另选取一种渐变颜色和原有像素颜色进行叠加。

图3-148 【光泽】范例

【图案叠加】：可以选择一种图案（可以制作图案）与原有像素进行叠加，如图3-149所示。

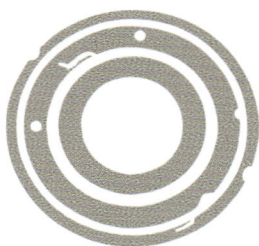

图3-149 【图案叠加】范例

【外发光】：与内发光相反，制作出外发光效果，如图3-150所示。

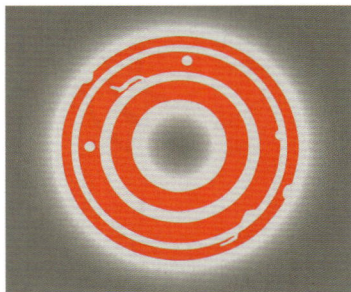

图3-150 【外发光】范例

【投影】：制作出投影效果，如图3-151所示。

图3-151　【投影】范例

【混合颜色带】：主要是利用黑、白、灰像素之间的关系对上、下图层进行调整，如图3-152所示。

点开【混合颜色带】，将【本图层】的亮部三角滑块往暗部移动（如图3-152箭头所示方向），这样本图层的亮部信息就被隐藏，露出下一图层的信息，以图3-153为例，因为下一图层是白色背景图层，所以本图层的亮部信息蓝色被隐藏而呈现下一层的白色。如果想把下一图层的像素隐藏或者将其展现出来，那就调整【下一图层】。

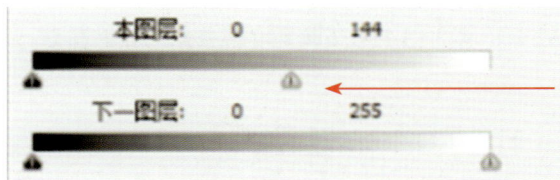

图3-152　【混合颜色带】面板

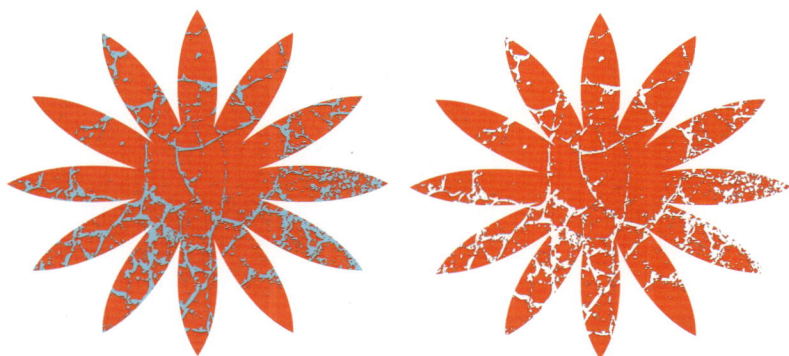

图3-153　【混合颜色带】范例

（2）【添加蒙版】：图3-141中2圈选的图标，点击它，会在图层后面形成白色的蒙版，如图3-154所示。按住Alt键时点击这个按钮会形成黑色的蒙版，如图3-155所示。在蒙版上只能用黑、白、灰像素（不能包含颜色信息的像素）覆盖，黑色是全部覆盖，白色是不做覆盖，灰色是半覆盖。一般用灰色的情况是最多的，因为灰色层次可以有很多种，也就可以控制覆盖的程度。在蒙版上不仅能用画笔画，还可以使用其他工具，如渐变工具等，使画面效果变化更加丰富。

图3-154　白色蒙版

图3-155　黑色蒙版

（3）【新建新的填充或者调整图层】：图3-141中3圈选的图标，点击它出现调整图层，如图3-156所示，这个功能可以在不损失原图层的像素的情况下对图层进行调整。

（4）【创建新组】：图3-141中4圈选图标，是指在图层位置建一个文件夹，目的是将多个图层用文件夹分类放置，以方便查找图层。

（5）【新建图层】：图3-141中5圈选的图标，用于新建图层。

（6）【删除】：图3-141中6圈选的图标，用于删除图层。首先在图层界面选择要删除的任何图层，然后点击这个图标就可以删除；还可以拖动要删除的文件到【删除】图标上进行删除。

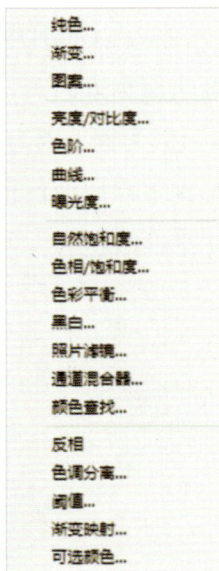
图3-156　【新建新的填充或者调整图层】

3.3.5　图像模块

【图像】的一些功能在绘画中也是比较常用的。首先找到【图像】的位置，如图3-157所示。

图3-157　【图像】位置

打开【图像】，可以看到图像的菜单栏，如图3-158所示。

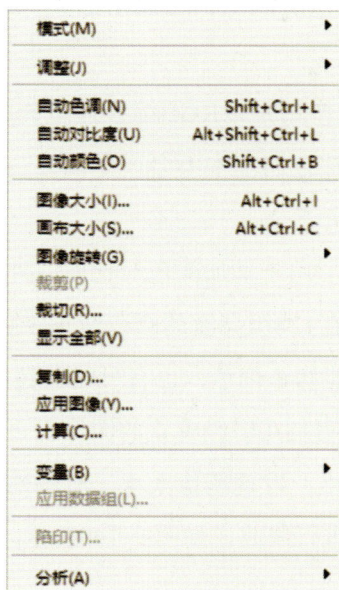

图3-158　【图像】菜单栏

（1）【模式】：点击【模式】，弹出如图3-159所示菜单栏，这些模式选项在色彩中提到过，可根据绘画要求调整图像的模式。

注意：很多初学者在Photoshop中遇到无法画出颜色的情况，此时可以查看【模式】菜单栏，是否启用了【灰度】，因为在灰度模式下不能显示图像的任何颜色。

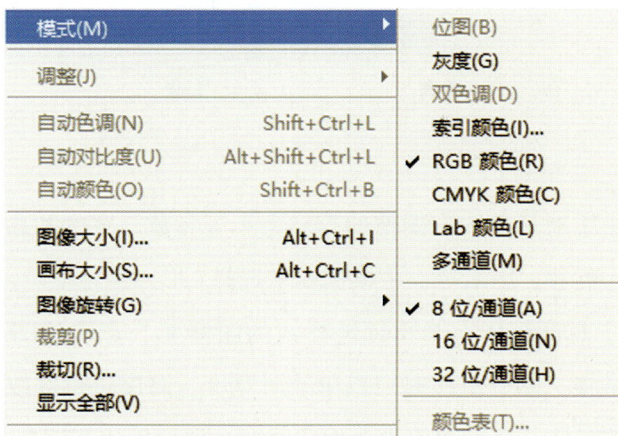

图3-159　【模式】菜单栏

（2）【自动色调】：正确表述应该是自动色阶，作用是将红色、绿色、蓝色3个通道的色阶分布扩展至全色阶范围，可以增加颜色对比度，但可能会引起图像偏色。

（3）【自动对比度】：作用是以RGB综合通道作为依据来扩展色阶的，因此增加颜色对比度的同时，原片色调基本不会产生偏移。颜色对比度的效果可能不如【自动色调】显著。

（4）【自动颜色】：除了用于增加颜色对比度以外，还可对一部分高光和暗调区域进行亮度合并。它把处在128级亮度的颜色纠正为128级灰色。正因为这个对齐灰色的特点，使得它既有可能修正偏色，也有可能引起偏色。

（5）【图像大小】：作用是在已经建立的图像上再次对图像的大小进行修改。例如，在画图的时候画了一半，发现图像太小，有的地方无法刻画细节，就可通过【图像大小】对图像的大小进行修改，如图3-160所示。

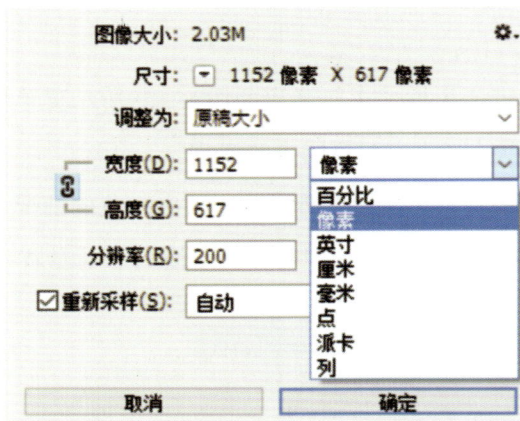

图3-160　【图像大小】对话框

在【图像大小】对话框中有图像的存储大小等参数。宽度和高度后面有相应的单位，例如像素、英寸、厘米等，可根据要求选择。

【图像大小】对话框中有个小锁链样式的图标，点击该图标，就会断开宽度和高度之间的链接，断开链接时可以单独对宽度、高度进行修改；如果是链接状态，当修改高度的时候，宽度数值也会相应改变，类似等比例缩放。

（6）【画布大小】：和【图像大小】的作用一样，都是改变图片的大小，不同的是，【画布大小】用于修改画布的大小，不扩大或缩小原有图像的像素，如图3-161所示。

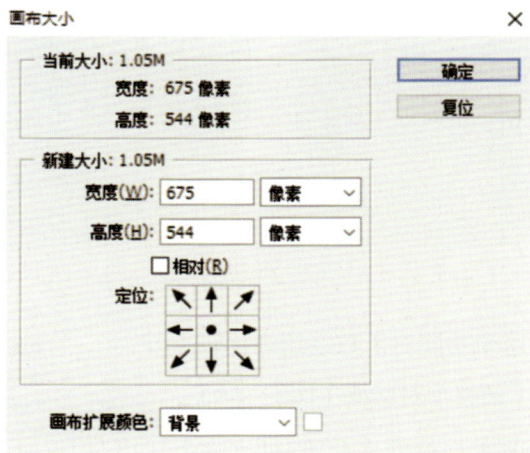

图3-161　【画布大小】调整对话框

在【定位】的位置可以设置画布的扩展位置。如想要将整个画面向左边扩大，就把重心定在右边，如图3-162所示。

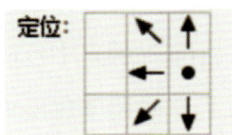

图3-162　【画布大小】向左扩展画布定位图

想要将整个画面向左上扩大，就把重心定在右下角，如图3-163所示。

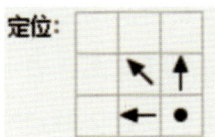

图3-163　【画布大小】向左上扩展画布定位图

依此类推，可调整画布向其他方向扩大。

（7）【图像旋转】：对画布进行旋转。在绘画过程中，有的画面局部由于角度的原因很难顺畅地运用画笔，就可以用【旋转画布】找到合适的绘画角度进行绘制。也可以用这个功能检查画得人物或者建筑是否左右对称。图3-164所示为水平翻转。

图3-164 【旋转画布】水平翻转

（8）【调整】：这个功能对于数字绘画比较重要，下面重点介绍。打开【调整】对话框（图3-165）。

1）【亮度/对比度】：打开【亮度/对比度】，出现两个可调节的三角滑块，上面的可调节亮度，下面的可调节对比度。

2）【色阶】：【色阶】调整是非常实用的功能，可以更精准地调整对比度，一般情况下对一张图片首先进行调节的就是色阶。如图3-166所示为【色阶】对话框。在【预设】里系统自带了一些调整色阶的模板。【通道】软件默认的是RGB色彩模式，是对全图的颜色进行调节。可以单独对红、绿、蓝三个通道中的一种颜色进行调节，以增加这个颜色在图片中的比例。

【色阶】对话框中可显示图像黑白灰的关系，如输入色阶左侧的三角滑块没有接触到峰状图，表示这张图暗部不够暗；右侧的三角滑块也没有接触到峰状图，表示亮部不够亮，因此，左边的三角滑块代表暗部，右边的三角滑块代表亮部，中间的三角滑块代表灰度。可以根据峰状图来调整画面的对比度。对话框右侧的三个小吸管 的作用是通过在图像上取样设定场域，左侧的是采样黑场，中间的是采样灰场，右侧的是采样白场。快捷键是Ctrl+L。

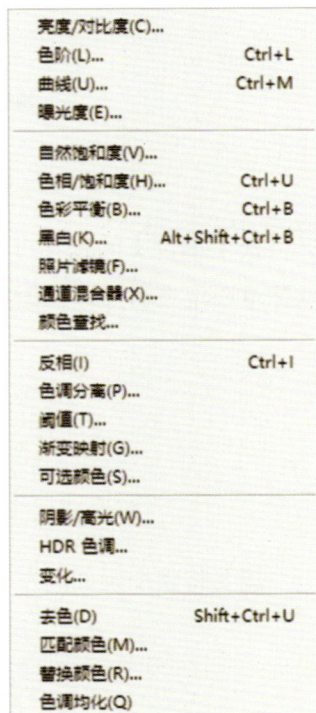

图3-165 【调整】对话框

亮度/对比度(C)...	
色阶(L)...	Ctrl+L
曲线(U)...	Ctrl+M
曝光度(E)...	
自然饱和度(V)...	
色相/饱和度(H)...	Ctrl+U
色彩平衡(B)...	Ctrl+B
黑白(K)...	Alt+Shift+Ctrl+B
照片滤镜(F)...	
通道混合器(X)...	
颜色查找...	
反相(I)	Ctrl+I
色调分离(P)...	
阈值(T)...	
渐变映射(G)...	
可选颜色(S)...	
阴影/高光(W)...	
HDR 色调...	
变化...	
去色(D)	Shift+Ctrl+U
匹配颜色(M)...	
替换颜色(R)...	
色调均化(Q)	

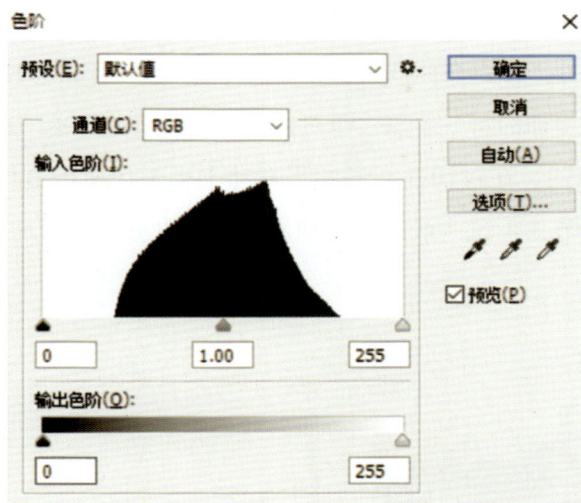

图3-166　【色阶】对话框

3）【曲线】：功能也是对图片进行调整（图3-167）。在【预设】中有系统自带的曲线模式。

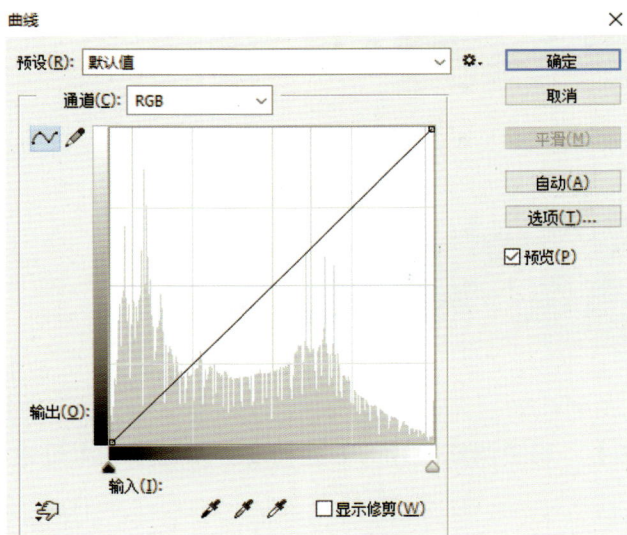

图3-167　【曲线】对话框

在【曲线】对话框中，将通道选择为RGB模式，向上拖动曲线，图片会整体变亮，向下则整体变暗，属于对图片的整体调节，其中比较常用的是S曲线，可以增加图片的对比度。移动曲线左边的点可对图片暗部进行调节，移动曲线右边的点可调节图片亮部。此外，可以在曲线上加很多的节点，点击曲线的任何位置都可以加一个点，可以拖动所加的每一个点。也可以点击画笔 ✎ 画曲线，点击 ～ 对所画的曲线上的节点进行微调。在对话框右侧的【自动】属于快捷调节按钮，点击它，计算机会自动运算调节，不过一般建议手动调色，可以更好地人为掌控。如图3-168所示。

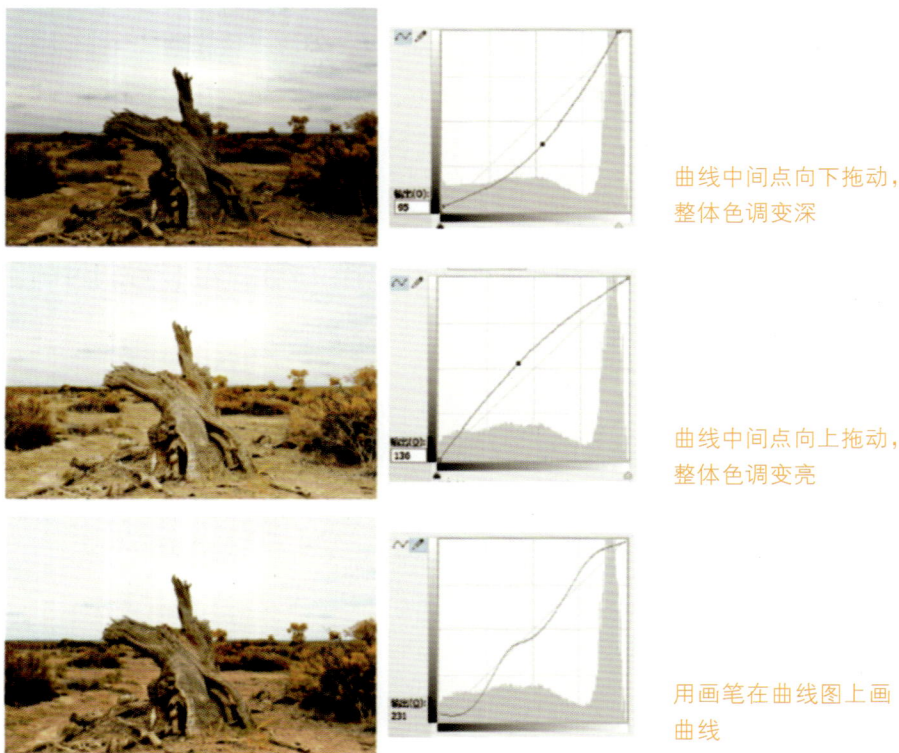

曲线中间点向下拖动，整体色调变深

曲线中间点向上拖动，整体色调变亮

用画笔在曲线图上画曲线

图3-168　【曲线】调整范例

4）【曝光度】：用于调整图片的曝光程度。图片曝光太过或不足，都可以用它进行调整。

5）【自然饱和度】：可以智能提升画面中比较柔和颜色的饱和度，而原本饱和度够高的画面则保持原状。其作用类似于对图片补光，而实质是对颜色的补光。例如，可以防止图片中人皮肤颜色过饱和。【饱和度】可以提升所有颜色的强度，可能导致过度饱和，局部细节消失，最常见是皮肤颜色的过度饱和，如图3-169所示。

图3-169　【自然饱和度】与【饱和度】对比

　　6）【色相/饱和度】：用于调整图像的【色相】、【饱和度】、【明度】，如图3-170所示。在对话框中同样有【预设】，里面是软件默认常用的通过【色相/饱和度】调节出的效果模式。【色相】是调节画面颜色的倾向，可以拖动三角滑块调节；【饱和度】是调整画面色彩的饱和度，三角滑块向左移动饱和度降低，向右移动饱和度提高；【明度】用于提高或降低画面色彩明暗，是对整体画面的提高或者降低。右下角的吸管工具可以控制【色相/饱和度】的调节范围，使用方法：用吸管工具在图像上点击吸色，吸取的颜色就会被锁定，只能调节锁定的颜色，带加号的吸管工具是添加颜色，带"减号"的吸管工具是减少颜色。【着色】是用来给黑白稿上色用的，如果不勾选【着色】，那么就无法对黑白稿进行上色处理，只有勾选上才能对黑白稿颜色进行调整。

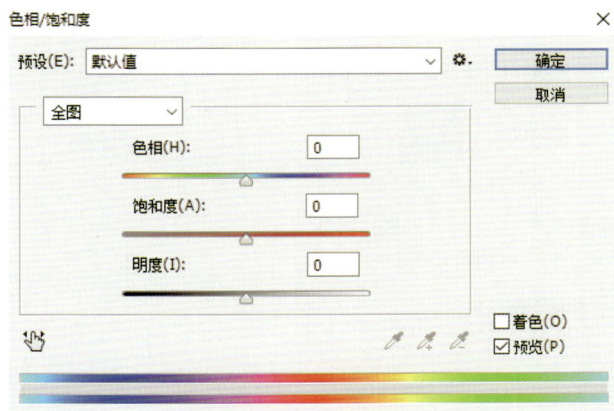

图3-170　【色相/饱和度】对话框

7）【色彩平衡】：用于对图片进行颜色的微调。通过对图像进行色彩平衡处理，可以校正图像色偏，也可以根据个人的喜好和需要对过饱和或饱和度不足的画面进行调整，提高画面效果。【色彩平衡】对话框中有【阴影】、【中间调】、【高光】三种色彩调节范围，如图3-171所示。【阴影】：针对阴影进行色彩调节。【中间调】：针对中间调进行色彩调节。【高光】：针对高光进行色彩调节。

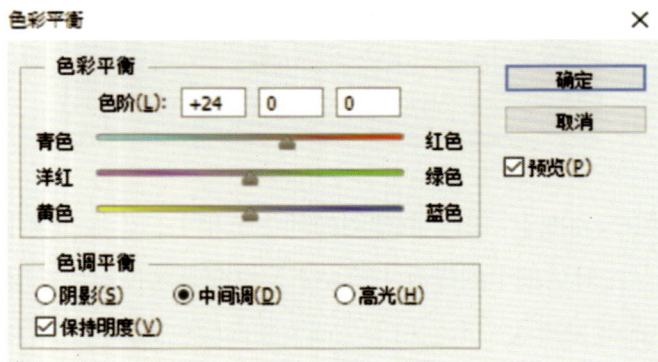

图3-171　【色彩平衡】对话框

8）【黑白】：作用是通过对颜色信息的调整确定黑白的变化。

9）【照片滤镜】：是给图像添加色调。在【滤镜】有一些软件自带的常用滤镜效果，可以多多尝试。【颜色】可以控制滤镜的颜色。【浓度】能调节滤镜的强度，百分比数值越高强度越大，效果越明显，如图3-172所示。

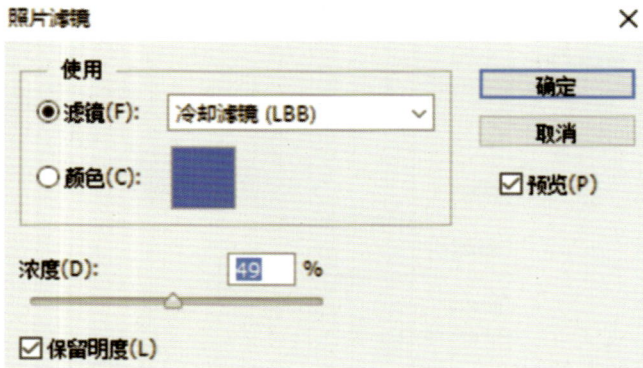

图3-172　【照片滤镜】对话框

10）【通道混和器】：用于选取要在其中混和一个或多个源通道的通道，如图3-173（左）所示。【源通道】：拖动三角滑块可以减少或增加源通道在输出通道中所占的百分比，或在文本框中直接输入-200～+200之间的数值。【常数】：可以将一个不透明的通道添加到输出通道，若为负值视为黑通道，正值视为白通道。【单色】：对所有输出通道应用相同的设置，创建该色彩模式下的灰度图。在使用通道混和器的过程中，需注意用于加或减的颜色信息来自本通道或其他通道的同一图像位置，即空间上某一通道的图像颜色信息可由本通道和其他通道颜色信息来计算。输出通道可以是源图像的任一通道。源通道根据图像色彩模式的不同会有所不同，色彩模式为RGB时源通道为R、G、B，色彩模式为CMYK时，源通道为C、M、Y、K。以青色通道为例，即图3-173（右）所示的调整中操作的结果只在青色通道中体现，因此青色通道为输出通道。

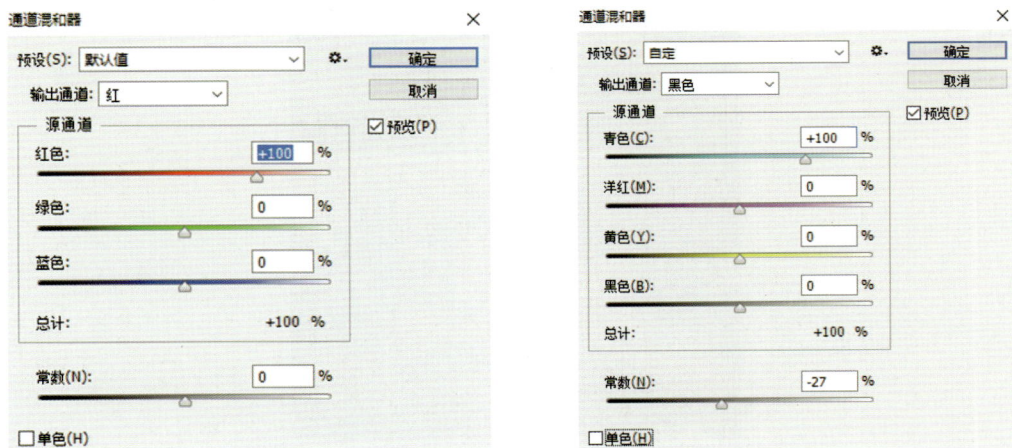

图3-173 【通道混合器】对话框

11）【反向】：对图像进行反向处理。

12）【色调分离】：减少图像渐变的中间调。一幅图像原本是由相邻的渐变色阶构成，色调分离就是减少渐变色。

13）【阈值】：是基于图像亮度的黑白分界值，软件默认值是50%（中性灰），即128，亮度高于128（<50%的灰）的会变白，低于128（>50%的灰）的会变黑。

14）【渐变映射】：是作用于下一图层的一种调节，将不同亮度映射到不同的颜色上去。使用【渐变映射】可以重新调整图像颜色。可用于修改现有的渐变填充，或者使用【渐变编辑器】创建渐变填充。画黑白稿草图时可以用它来初步上色。如图3-174所示是【渐变映射】的运用效果。

15）【可选颜色】：选定要修改的颜色，共有红色、绿色、蓝色、青色、洋红色、黄色、白色、中性色、黑色九个颜色可选择，然后通过增减青（Cyan）、洋红（Magenta）、黄（Yellow）、黑（Black）四色油墨改变选定的颜色，此命令只改变选定的颜色，不会改变其他未选定的颜色。

图3-174　【渐变映射】运用效果

16）【阴影/高光】：可以为图像制作阴影和高光效果，它不只是单纯地使图像变暗或变亮，还会对图像的局部进行加亮或变暗处理。

17）【HDR色调】：HDR是"高动态范围"的缩写，动态范围是指图像信息最高值和最低值的相对比值。比如金属高光部分的颜色值。通过调整【HDR色调】，可以使用超出普通范围的颜色值，表现出更加真实的图像，图像可以提供无限接近人眼感知的真实环境亮度，并包含更丰富的细节信息。

18）【匹配颜色】：虽然通过【曲线】或【色彩平衡】之类的工具，可以任意地改变图像的色调，但如果要参照另外一幅图像的色调来做调整的话，还是比较复杂的，特别是在色调相差比较大的情况下。为此，Photoshop专门提供了这个在多幅图像之间进行色调匹配的命令。需要注意的是，必须在Photoshop中同时开启多幅RGB色彩模式（CMYK色彩模式下不可用）的图像，才能够在多幅图像中进行色彩匹配。

19）【替换颜色】：可以选中图像的特定颜色，然后修改它的色相、饱和度和明度。该命令包含了颜色选择和颜色调整两个选项。【吸管工具】 ：用吸管工具在图像上单击，可以选中光标下的颜色，用带加号的吸管工具在图像上单击，可以添加新的颜色，用带减号的吸管工具在图像中单击，可以减少颜色。【本地化颜色簇】：如果想在图像中选择相似且连续的颜色，可以勾选该项，使选择范围更加精确。【颜色容差】：用来控制颜色的选择精度，数值越高，选择的颜色范围越广，白色代表选中的颜色。【选区】：勾选选区，可以在预览区中显示代表选区范围的蒙版，也就是黑白图像，黑色代表未选择的区域，白色代表选择的区域，灰色则代表被部分选择的区域。【图像】：勾选图像会显示图像内容，不显示选区。【替换】：拖动滑块即可调整所选颜色的色相、饱和度和明度，如图3-175所示。在绘画过程中会经常用【替换】改变或调整已经画好的画面颜色。

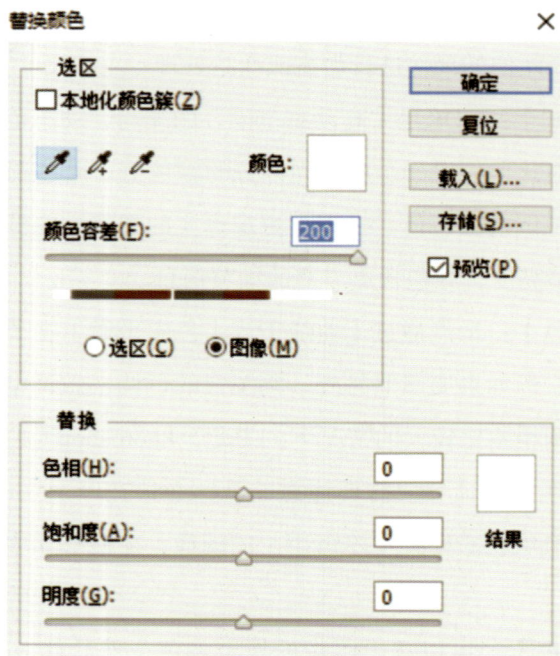

图3-175 【替换颜色】对话框

20）【色调均化】：平均化黑白灰调，让图像中的像素影调均匀分布。

第4章

绘画构图

相比于传统绘画，数字绘画只是换了一种工具，有了更便捷的绘画方式，但是一切基础理论和审美构造都来源于传统美术。数字绘画家还是需要追寻传统艺术家的足迹，提高绘画基本功和艺术修养。

构图对于绘画来说是极为重要的，可以说没有强有力的构图，画面会缺少节奏感、流畅感、整体感。构图对于场景绘画尤其重要，因为场景的绘画焦点并不像人物画中那样明确。

构图是指绘画时根据题材和主题思想的要求，把要表现的形象适当地组织起来，构成协调、完整的画面。谢赫"六法"中的"经营位置"就是指构图。为什么不说"分布位置"而称为"经营位置"，是因为绘画要动脑筋思考如何安排画面。

画面中看似不经意的颜色、形状，都是作者精心构图设计出来的。画面中，也许存在直线，也许存在弧线，也许只是物体的单纯摆放，但每一个构成画面的部分都具有一定的指向性，而每一个指向性都会引领观者依照作者的想法和构思，跟随作者的构图进入画面。这种对画面的设计也是构图的主要组成部分，即通过提前设计好的构图为观者设计出流畅的观看路线，引领观者进入画面并产生情感共鸣。一幅优秀的画作，只单纯依靠形状的组合是远远不够的，还要通过颜色的叠加来表现画面的明暗关系，共同营造画面的立体感，这样才能构成一幅完整的画面。黑白灰的叠加，色块与色块、物体与物体的层次搭配，这些都是绘画者在创作初期就需要考虑和思考的问题。本章将介绍基本的构图规律和构图方法。

4.1　均衡构图

均衡构图给人以画面充实的感觉，画面结构完美无缺，安排巧妙，对应而平衡，常用于月夜、水面、夜景等题材。均衡区别于对称，均衡构图的画面不是左右两边的景物形状、数量、大小、排列一一对应，而是相等或相近形状、颜色、数量、大小等的均衡排列，如图4-1所示。

图4-1　"均衡构图"（作者：西蒙·德沃斯）

画面人物分左右两组，由于人很多，表现不好就会让画面感觉很混乱。为了让画面平衡、和谐，作者采用均衡构图，左边主要人物用白色表现，右边主要人物用红色表现，四周的人变成了一种背景，不会对整个画面产生更多的影响，让画面饱满又不缺乏对主要人物的表现，达到平衡统一的效果。

4.2 S形构图

S形构图是使画面上的景物呈S形曲线的构图方式，具有延长、变化的特点。在人物画中可以使人物看上去有韵律感，产生优美、雅致、协调的感觉，如图4-2所示。

图4-2 人物S形构图（作者：罗伯托·费里）

在画面中用S形构图表现人体，能充分表现人体的线条与结构，在这幅画中为了让人物更加稳定，在下面加了一块蓝色的布，形成一个稳定的画面布局。

在场景画中可以表现空间的纵深，如图4-3所示。

图4-3　场景S形构图（作者：阿尔伯特·比尔施塔特）

用S形的河流表现空间的纵深，这是一种表现空间的巧妙运用。

4.3　对称构图

对称构图具有平衡、稳定、互相呼应的特点，如图4-4所示。缺点是画面显得呆板、缺少变化。常用于表现对称的人物、物体、建筑等，如图4-5所示。在中国的建筑中有非常多的对称式结构。

图4-4　人物对称构图（作者：罗伯托·费里）

利用对称式构图，以中间的人物为分界线把画面分成左右两部分，达到画面平衡、稳定、互相呼应的效果。

图4-5　场景对称构图（作者阿尔伯特·比尔施塔特）

利用对称式构图把两棵树分别置于画面两边，达到画面平衡的效果。

4.4　对角线构图

对角线构图是把主体安排在对角线上，利用画面对角线形成整体统一的画面元素，同时也能使陪体与主体发生直接关系。这种构图的特点是富于动感，显得活泼，容易产生线条的汇聚趋势，能吸引人的视线，从而突出主体，如图4-6、图4-7所示。

图4-6　对角线构图——国画
（作者：郑板桥）

图4-7　动物对角线构图（作者：阿尔伯特·比尔施塔特）

作者通过对角线构图让画中的竹子感觉随风律动起来，这就是对角线构图的特点，让画面有不稳定感。

利用对角线构图让人感觉这只山羊下一个动作就是要跳出去。

4.5 X形构图

X形构图是指画面中的线条、影调按X形构图，画面透视感强，有利于把人的视线由四周引向中心或使景物具有从中心向四周逐渐放大的特点，如图4-8所示。

图4-8 X形构图（作者：阿尔伯特·比尔施塔特）

利用岩石与海水形成X形构图，把人的视线汇集到画面中心，重点表达画面中心的海豹。

4.6 紧凑式构图

紧凑式构图是将景物主体以特写的形式加以放大，使景物主体以局部放大的形式布满画面。紧凑式构图的画面具有紧凑、细腻、微观等特点。常用于人物肖像、显微摄影或者表现局部细节，如图4-9所示。

图4-9　"紧凑式构图"（作者：皮诺·德埃尼）

该图利用了两种构图方式，一种是对角线构图，给人不稳定感，为了让人物睡得稳，在人物下面用一条蓝色的布支撑起来；另一种是紧凑式构图，放大布折、人物等的细节，放大颜色的微妙变化。

4.7 三角形构图

三角形构图是以三个视觉中心为景物的主要位置，有时以三点成面几何构成来安排景物，形成一个稳定的三角形，是运用最多的构图方式，特别是在画静物的时候经常用到。这里所说的三角形可以是正三角也可以是斜三角或倒三角，其中斜三角较为常用，也较为灵活。三角形构图具有安定、均衡且不失灵活的特点，如图4-10所示。

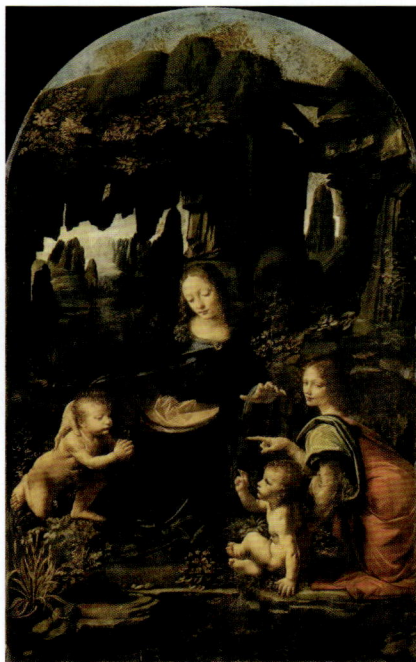

图4-10 "三角形构图"（作者：列奥纳多·达·芬奇）

将人物安排在三角形的位置上，让画面看起来十分稳定又不失灵活。

4.8 九宫格构图

　　九宫格构图是将主体或重要景物放在"九宫格"交叉点的位置上，达到使画面和谐的效果。"井"字的四个交叉点就是主体的最佳位置。一般认为，右上方的交叉点最为理想，其次为右下方的交叉点。九宫格构图适合画比较空旷的环境景色，如图4-11所示。

A 　　　　　　　　　　　　　　B

图4-11　九宫格构图（作者：艾伯塔·比尔斯坦特）

　　A.把画面的主体——"岩石"放在九宫格左下的交叉点上，远处的海平面是九宫格的分界线，使画面看起来十分和谐稳定；B.九宫格交叉点。

4.9　向心式构图

　　向心式构图是主体处于中心位置，而四周景物呈向中心集中的构图形式，能将人的视线强烈地引向主体中心，并起到聚集的作用。向心式构图具有突出主体的鲜明特点，但有时也可使人产生压迫感、局促沉重的感觉，如图4-12所示。

图4-12　向心式构图（作者：阿尔伯特·比尔施塔特）

　　利用向心式构图把山体、云雾和光线整合起来，整个画面被赋予动感，给人以流动的感觉，使人的视线不自觉地往中间汇聚。

4.10 垂直式构图

　　垂直式构图能充分显示景物的高度和深度。常用于表现万木争荣的森林、参天大树、险峻的山石、飞泻的瀑布、摩天大楼，以及竖直线形组成的其他画面，如图4-13所示。

图4-13 垂直式构图（作者：阿尔伯特·比尔施塔特）

　　利用垂直式构图体现树木的高大与森林的幽深。

4.11 变化式构图

变化式构图又称留白式构图，它将景物故意安排在某一角或某一边（黄金分割线位置或者九宫格的交叉点位置），并留出大部分空白画面，空白是连接画面上各元素之间相互关系的纽带。空白在画面上的作用是帮助作者表达感情色彩，给人以思考和想象的空间，并留下进一步判断的余地，富于韵味和情趣。画面的主体放在画面左边，使整个画面有延续感；放在中间有稳定感；放在右边就会有停顿感、历史感，如图4-14所示。

图4-14 变化式构图（作者：阿尔伯特·比尔施塔特）

利用变化式构图，画面左边丰富并拥挤，画面右边留出大量的空白，给人留下想象的空间，去想象画面中的人物面对的到底是什么样的情况。

综上，构图能让画面变得更加富有变化，不同的构图方式都有各自的独特优点，根据画面内容选择一种恰当的构图方式能使画面更加有活力。

第5章

绘画的颜色与光

在一幅画中，颜色与光是画面的重要组成部分，本章将讲解颜色的属性、色彩对比、色彩的情感象征、色彩的感觉与光的理解。

5.1 颜色的属性

颜色的属性包括色相、明度和纯度，这三种颜色属性的变化是决定一个颜色区别于其他颜色的主要因素。

5.1.1 色相

色相是色彩所呈现出来的质地相貌。色相可分为无色系、彩色系。无色系是指黑、白、灰；彩色系是指红、橙、黄、绿、蓝等。通常所说的色相分析是对彩色系进行分析，如图5-1所示。

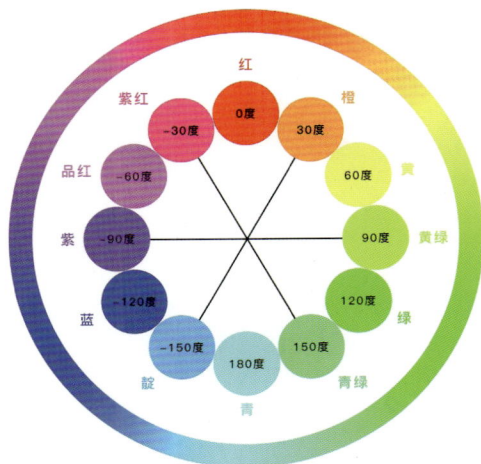

图5-1　色相轮

5.1.2　明度

明度指颜色的明暗程度，也可称为亮度、深浅。

基本特征：黑色和白色是明度的两极，中间排列无数的灰色。如图5-2所示，颜色混合白色越多明度越高，混合的黑色越多，明度越低。不同的色相的颜色本身还包含明度信息，在图5-1中能看出来黄色明度最高，蓝色明度最低，橙色、绿色、红色、蓝色明度处于中间位置。

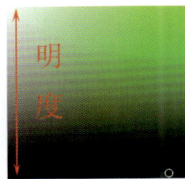

图5-2　"拾色器"中的明度位置

5.1.3　纯度

纯度指颜色的纯净程度，也可称为饱和度、彩度、鲜艳度。

基本特征：任何颜色加入黑、白、灰，都会降低它的纯度，如图5-3所示。加入黑、白、灰越多，纯度也越低。红色是纯度最高的颜色。由于人眼对不同波长的光敏感度不同，所以直接影响了人对颜色纯度的视觉认知。颜色的纯度高并不等于明度高，颜色的纯度和明度并不成正比，这是由人的视觉生理条件决定的。

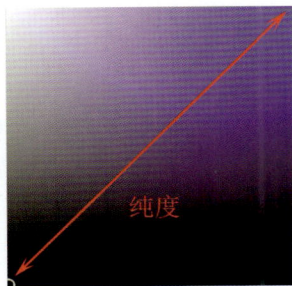

图5-3　"拾色器"中的纯度位置

5.2 色彩对比

色彩对比：两种以上的颜色，以空间或者时间关系相比较，能比较出明显的差别，并产生比较作用，称为色彩对比。在色彩绘画与色彩设计中单独一种颜色很难表达某种情绪，必须几种色彩相对比才能感受到色彩的力量。掌握色彩对比技巧是调整画面的基本功之一。色彩对比的强弱程度取决于色相之间在色相环上的距离（角度），距离（角度）越小对比越弱，反之则对比越强。根据色相环中的距离，色彩对比分为零度对比、调和对比与强烈对比。

5.2.1 零度对比

零度对比包括无彩色对比、无彩色与有彩色对比、同种色对比。

5.2.1.1 无彩色对比

无彩色对比是在黑白灰之间对比，如黑与白、黑与灰、中灰与浅灰、黑与白与灰、黑与深灰与浅灰对比等，对比效果大方、庄重、高雅而富有现代感，但也易产生过于素净的单调感。在绘画中可以利用无彩色对比进行空间塑造（图5-4）。如图5-5所示为利用黑与白在空间上表现远近错觉塑造画面的空间感。

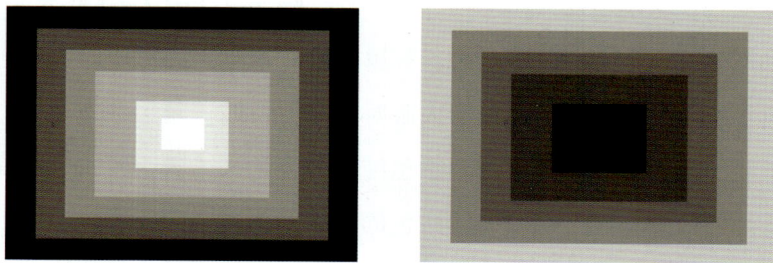

图5-4 无彩色对比

图5-5 无彩色对比塑造空间感

5.2.1.2 无彩色与有彩色对比

无彩色与有彩色对比是用黑白灰与有彩色进行对比，如黑与红、灰与紫、黑与白与黄、白与灰与蓝对比等。对比效果生动有内涵，无彩色面积大时，突出颜色部分，使视线集中，表达画面情绪；色彩面积大时，有稳重感，如图5-6所示。

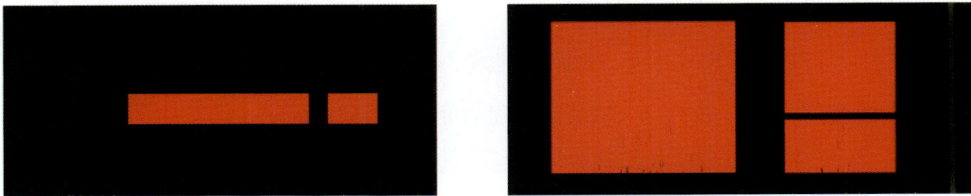

图5-6 黑与红对比

5.2.1.3 同种颜色对比

同种颜色对比是指一种色相的不同明度或不同纯度变化的对比，俗称姐妹色组合。如蓝与浅蓝（蓝+白）、橙与咖啡（橙+灰）色、绿与墨绿（绿+黑）等对比。对比效果统一、文静、雅致、含蓄、稳重，但也易产生单调、呆板的效果，如图5-7所示。

图5-7　同种颜色对比（粉绿色）

5.2.1.4　无彩色与同种颜色对比

　　无彩色与同种颜色是黑白灰与颜色之间的对比，如白与深蓝与浅蓝、黑与橘与咖啡色等对比，对比效果综合了无彩色与有彩色对比和同种颜色对比类型的优点，既有一定的层次感，又显大方、活泼、稳定，如图5-8所示。

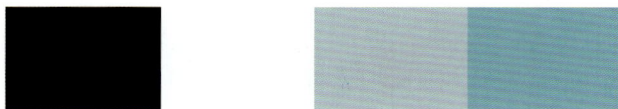

图5-8　无彩色与同种颜色对比

5.2.2　调和对比

　　调和对比包括邻接色对比、类似色对比、中差色对比。

5.2.2.1　邻接色对比

　　邻接色是色相环上相邻的2~3色对比，色相对比距离大约30度（图5-9），为弱对比类型。如红橙色与黄橙色对比（图5-10）。对比效果柔和、和谐、雅致、文静，但也显得单调、模糊、乏味、无力，必须通过调节明度差来加强对比效果。

图5-9　30度色轮

图5-10　黄色邻接色对比（红色、橘红色、橘黄色、土黄色、金黄色）

5.2.2.2　类似色对比

类似色对比的色相对比距离约60度（图5-11），为较弱对比类型，如紫色、红色、橘红色、橘黄色、绿色等对比（图5-12）。对比效果较丰富、活泼，但又不失统一、雅致、和谐的感觉。

图5-11　60度色轮

图5-12　类似色对比（紫色、红色、橘红色、黄色、绿色）

5.2.2.3　中差色对比

中差色对比的色相对比距离约90度（图5-13），为中对比类型，如黄色、红色、蓝色等对比（图5-14）。对比效果明快、活泼、饱满、使人兴奋或感兴趣，对比既有相当力度，但又不失调和之感。

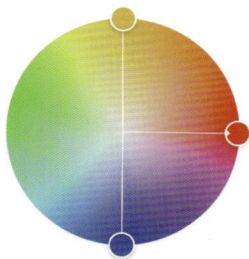

图5-13　90度色轮

图5-14　中差色对比（黄色、红色、蓝色）

5.2.3　强烈对比

强烈对比是颜色差别比较大，互相影响比较强烈。强烈对比包括对比色对比、补色对比。

5.2.3.1　对比色对比

对比色对比的色相对比距离约120度（图5-15），为强对比类型，如红色、蓝色、绿色等对比（图5-16）。对比色对比效果强烈、醒目、有力、活泼、丰富，但也因不易统一而感杂乱、刺激，造成视觉疲劳。一般需要采用多种调和手段来改善对比效果。

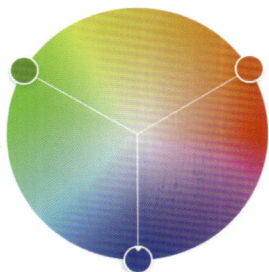

图5-15 120度色轮

图5-16 对比色对比（红色、蓝色、绿色）

5.2.3.2 补色对比

补色对比的色相对比距离为180度（图5-17），为极端对比类型，如粉绿、粉红等对比（图5-18）。对比效果强烈、炫目、响亮、极有力，但若处理不当，易使人产生幼稚、原始、粗俗、不安定、不协调等不良感觉。

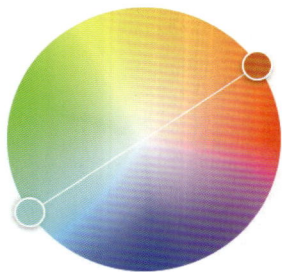

图5-17 180度色轮

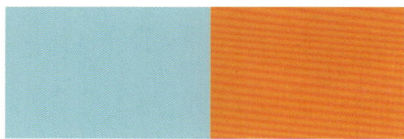

图5-18 补色对比（粉绿色、粉红色）

5.2.3.3 明度对比

两种以上色相组合后，由于明度不同而形成的色彩对比效果称为明度对比，如图5-19所示。它是色彩对比的一个重要方面，是决定色彩图案是否表现明快、清晰、柔和、强烈、朦胧的关键。

图5-19　明度对比

5.2.3.4　纯度对比

两种以上色彩组合后，由于纯度不同而形成的色彩对比效果称为纯度对比。它是色彩对比的另一个重要方面，但因其较为隐蔽而易被忽略。在色彩设计中，纯度对比是决定色调是否表现华丽、高雅、古朴、粗俗、含蓄的关键。其对比强弱程度取决于色彩在色标上的距离，距离越长对比越强，反之则对比越弱，如图5-20所示。

图5-20　纯度对比

在色彩设计上除了要考虑颜色的对比以外，还需要了解一些画面的颜色表现特征。一般而言，一幅画中上面的色彩显得轻，下面的色彩显得重；左边的色彩显得紧凑，右边的色彩显得分散。

5.3　色彩的情感象征

色彩的情感象征是色彩心理的高级层面。色彩通过视觉并由视觉传达到大脑，产生生理与心理上的反应，从而影响人的心理情感。每一种颜色都会给人以特殊的情感表达，一种颜色所象征的情感含义受地域、历史、文化等多方面因素的影响。

在绘画过程中，除了要遵循色彩的自然规律外，还要考虑人们对色彩的主观认知。例如，由于受风俗习惯的影响，一些颜色对特定的人群来说有一种特殊的含义，这些颜色同样给人带来特殊的感受。下面介绍一些常见色彩的情感象征。

5.3.1　白色情感象征

白色光的颜色给人以光明与纯洁之感；白色又有冰雪的寒冷，有云雾的缥缈，使人感觉干净、冷素。用白色象征哀悼的颜色，表示对死者的尊重缅怀，并祝愿死者灵魂安息。而白色的新娘婚纱则象征爱情的纯洁与坚贞。

5.3.2　黑色情感象征

黑色在心理上给人感觉黑暗、悲哀、沉重、肃穆等。黑色可以和任何颜色匹配，衬托其他颜色，使其他颜色更鲜艳并有稳重感、节奏感。

5.3.3　灰色情感象征

灰色本身不带有任何信息与情绪，缺少独立的表达能力，是一种被动的颜色。灰色使人产生乏味、朴素、寂寞的感觉，它的优势在于可以和任何颜色搭配并突出这种颜色，经常作为背景色。灰色还有一个重要的特点：它和不同的颜色搭配时会相应地使人产生色相变化的错觉。它是颜色中的最佳"调和剂"。

5.3.4　蓝色情感象征

蓝色有寒冷、恐惧、悲伤、透明、清凉、遥远、流动、深渊、理智、永恒的感觉，是色感中最冷的颜色。明亮的浅蓝色显得轻快而明澈，适合表现大的空间；深蓝色有深沉、稳定的感觉。

5.3.5　红色情感象征

红色是充满激情、热烈的色彩。红色首先使人联想到血液、火焰，使人感到兴奋、炎热、活泼、热情、充实、饱满、挑战，表现积极向上的情绪。还可以作为欢乐、庆典、胜利的装饰色，也可以作为战争、危险、禁止、警报的颜色。

5.3.6　粉色情感象征

粉色表现温柔、纯真、柔和的情感，还可以有香甜的感觉，如草莓的味道。粉色是比较柔和的颜色，是女性普遍喜欢的颜色，具有极强的亲和力。

5.3.7　黄色情感象征

黄色是充满希望的颜色。黄色给人轻快、明朗、透明、耀眼、自信、高贵、警惕的色彩印象。在中国古代黄色是帝王的象征，而在日本黄色作为思念和期待的象征。

5.3.8　绿色情感象征

绿色是自然界中常见的颜色，让人有和平、平静、安全的感觉。浅绿、草绿象征春天、萌芽、新鲜、纯真、活力、生命和希望；中绿、翠绿象征盛夏、浓郁、兴旺；孔雀绿象征华丽、清新；深绿象征稳重；蓝绿给人平静、冷淡的感觉。

5.3.9　紫色情感象征

紫色是个善变的颜色，和不同的颜色搭配它会有不同的表现，因为紫色是由红色和蓝色混合而成，就会包含红色和蓝色。它和暖颜色在一起偏冷，和冷颜色在一起偏暖。在自然界中，紫色的物体很少，所以比较珍贵，代表高贵、庄重、奢华。此外，紫色给人一种神秘感，灰暗的紫色有病态、痛苦、哀伤的感觉。但是紫色的明度淡化、纯度降低，就会变得高雅、温馨、浪漫，表现出性情温和、柔美又不失活泼、娇艳。

5.4　色彩的感觉

色彩的感觉是人的生活经验和视觉经验赋予色彩的一种主观感受，这种感受可以分为生理上和心理上的。生理上的感受是对色彩的视觉识别引发的经验的联想。心理上的感受是基于生理感受的联想，通常形成一种具有象征意义的色彩解释。

5.4.1　冷暖感

色彩的冷暖是人类对颜色的一种主观感受，是生活经验的反馈。给人灼热、温暖感觉的颜色称之为暖颜色，如太阳、火焰等散发的红橙色光；给人清爽、寒冷感觉的颜色称之为冷颜色，如冰雪、海洋发射的白色、蓝色等光芒。

日本色彩学家曾做过一个试验：将两个工作间分别涂成灰蓝色和红橙色，两个工作间的客观温度条件即物理上的温度相同，劳动强度也一样。在涂成蓝灰色工作间工作的员工，在温度为288开（热力学温度）时感到冷，而在涂成红橙色工作间工作的员工则感觉不到冷。从色彩的心理学来说，还有一组冷暖色，即白冷、黑暖。当白色反射光线时，也同时反射热量；黑色吸收光线时，也同时吸收热量。因此，穿黑色衣服时感觉暖和，适于冬季；穿白色衣服时感觉凉爽，适于夏季。

不论冷色还是暖色，加白后都有冷感，加黑后都有暖感。在同一色相中也有冷色感与暖色感之别。冷暖感实际上只是一个相对概念，如大红比玫瑰红暖，但比朱红冷，朱红又比红橙冷，只有处于相对关系中的红橙和绿蓝才是冷暖的极端。

在同一种色相中也会有冷暖的区别，同一种颜色在与不同颜色对比时也会有不同的冷暖表现。所以说颜色的冷暖感是对比出来的，是相对的。

5.4.2　空间感

色彩的空间感是指利用色彩的冷暖变化表现空间，在平面上获得立体的、有深度的空间感。造成色彩空间感觉的因素主要是色彩的前进感和后退感。常把暖色称为前进色，冷色称为后退色。其原理是暖色比冷色波长长，长波长的红光和短波长的蓝光通过眼睛晶状体时的折射率不同，当蓝光在视网膜上成像时，红光就只能在视网膜后方成像。因此，为使红光在视网膜上成像，晶状体就要变厚一些，缩短焦距，使成像位置前移。这样，就使得相同距离内的红色感觉接近，蓝色感觉远去。从明度上看，亮色有前进感，暗色有后退感。在同等明度下，色彩的彩度越高越往前，彩度越低越往后。然而，色彩的前进感和后退感与背景色紧密相关。在黑色背景上，明亮的色向前推进，深暗的色却潜伏在黑色背景的深处。相反，在白色

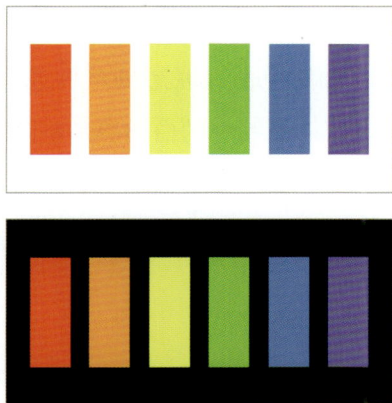

图5-21　颜色空间

背景上，深色向前推进，而浅色则融在白色背景中，如图5-21所示。

色块面积的大小也影响着空间感，大面积色向前，小面积色向后；大面积色包围下的小面积色则向前推。作为形来讲，完整的形、单纯的形向前，分散的形、复杂的形向后。

空间感在许多设计中就是体量感和层次感，其中有纯与不纯的层次，冷与暖的层次，深、中、浅的层次，重叠和透叠的层次等。这种色的秩序、形的秩序本身就具备空间效应。当形的层次和色的层次达到一致时，其空间效应是一致的。不然，就会形成色彩的矛盾空间。

5.4.3　重量感

色彩的重量感主要和明度相关，明亮的颜色感觉轻，如白、黄等高明度颜色；深暗的颜色感觉重，如黑、藏蓝等低明度色。明度相同时，彩度高的颜色比彩度低的颜色感到轻。就色相来讲，冷色轻，暖色重。通常描述作品用到的飘逸、柔美、稳重等修饰语，其中都包含色彩重量感的意义，如图5-22所示。

图5-22　色彩重量感

5.4.4　软硬感

色彩的软硬感主要与明度和彩度相关，与色相关系不大。明度较高，彩度低的颜色有柔软感，如粉红色明度低；彩度高的颜色有坚硬感；中性色系的绿和紫有柔和感，如绿色使人联想到草坪或草原，紫色使人联想到花卉。无彩色系中的白和黑是坚固的，灰色是柔软的。从色彩调子的表象上看，明度的短调、灰色调、蓝色调比较柔和，而明度的长调、红色调显得坚硬。如图5-23所示。

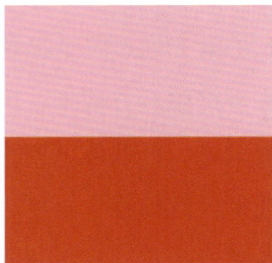

图5-23　色彩的软硬感

5.4.5　明暗感

任何一种颜色都有明暗特征。色彩的明暗感是由明度要素决定的。这里讲的是与色相相关的明暗感，如蓝色比绿色亮，黄色比白色亮。蓝绿、紫、黑不给人以亮感，红、橙、黄、黄绿、蓝、白不给人以暗感，绿色是中性。

5.4.6　色彩的强弱感

色彩的强弱感主要受彩度和明度的影响。高彩度、高明度的色感强烈，低彩度、低明度的色感弱。从对比角度讲，明度的长调、色相关系中的对比色和补色关系有种强感，而明度的短调（高短调、中短调）、色相关系中的同类色和类似色有种弱感。

5.4.7　色彩的兴奋感与沉静感

色彩的兴奋感与沉静感主要取决于色相的冷暖感。暖色系红、橙、黄中明亮而鲜艳的颜色给人以兴奋感，冷色系蓝绿、蓝、蓝紫中的深的颜色给人沉静感。中性的绿和紫既没有兴奋感也没有沉静感。另外，色彩的明度和纯度越高，所表现的兴奋感越强。色彩的积极感与消极感和兴奋感与沉静感相似。无彩色系的白与其他纯色组合有兴奋感、积极感，而黑与其他纯色组合则有沉静感。此外，白和黑以及高色彩纯度的颜色给人紧张感，灰色及低色彩纯度的颜色给人舒适感。

5.4.8 色彩的明快感与忧郁感

色彩的明快感与忧郁感主要受明度和色彩纯度的影响，与色相也有关系。高明度、高色彩纯度的暖色有明快感，低明度、低色彩纯度的冷色有忧郁感。无彩色的白色有明快感，黑色有忧郁感，灰色是中性的。

5.4.9 色彩的华丽感与朴实感

色彩的华丽感与朴实感与色彩的三属性都有关系，明度高、色彩纯度也高的颜色显得鲜艳、华丽，如舞台布置、新鲜的水果颜色等；色彩纯度低、明度也低的颜色显得朴实、稳重，如古代的寺庙、褪了色的衣物等。

红橙色系容易给人华丽感，蓝色系给人的感觉往往是文雅的、朴实的、沉着的。但漂亮的钴蓝、湖蓝、宝石蓝同样有华丽的感觉。以调性来说，大部分活泼、强烈、明亮的色调给人以华丽感，而暗色调、灰色调、土色调有种朴素感。

5.4.10 时间感

无论是四季的变化还是每天时间的变化，都伴随着颜色的变化，由于这些变化潜移默化地深入人心，四季特有的颜色也会给人们带来时间感或者季节感。

从对比规律上看，以上这些色彩感觉的划分都属一种相对概念。比如一组朴实的色彩放在另一组更朴实的色彩旁，立刻就显出相对的华丽感。当然，在这些客观特征中也带有很大的主观性心理因素。比如对华丽的理解，有人认为结婚、过年时用的大红色是华丽的，有人则认为宫殿里的金黄色是华丽的，也有人认为晚礼服的深蓝色是华丽的。所以，色彩心理的分析是不能一概而论的，只能在普遍意义上进行归纳、总结。

5.5　光的理解

想看到一个物体必须有光的参与，在一个黑暗的空间无法看到任何物体。在绘画中不仅需要看见物体，还需要表现物体，所以大多数时候一个光源不能完全表现一个物体的材质、造型、颜色等信息，需有多个光源的参与才能观察这些物体的特性。根据画面的需求，将光分为主光、辅光、反射光。这些光源有的是客观存在的，有的是根据画面效果主观添加的，所以必须了解这些光的作用才能熟练运用。

（1）主光：主光源是一个发光体向外放射光线，把要观察的物体照亮，因为在一个画面中没有比它更加明亮的物体，所以它是光线的最主要来源，因此设定它为主要的光源。例如，太阳、室内的灯、夜晚的路灯等。主光源的设计有时候也是为了确定整幅画面色调，一幅画面中，物体受光面的主要颜色就是主光源的颜色，所以它是一幅作品的重要组成。

（2）辅光：辅光是比主光次一级的光线，一般在绘画中与主光的位置对立设置，使绘画主体层次更加丰富，更具体积感。辅光源在绘画中多数是作者主观添加的。例如，人物可以拿着一个发光体充作辅光源，或者将发光的物体等这些散发着不是那么强烈的光源作为辅光源。有些时候如果没有合适的主光源，也可以适当地添加辅光增加画面的空间感。

（3）反射光：在绘画中反射光十分重要，大多数反射光出现在物体的暗部，因为亮部已经被主光源占领。主光源在照射周围环境（如图5-24中的桌面）时会有光的反射，当这些光的反射光照在物体的暗部会出现一个稍微亮一些的光边。在绘画中，加强对反射光的表现可以使绘画的主体与其周围的环境更加协调自然。

反射光的强度取决于主光源的强度、物体周围的环境以及物体的材质。主光源强就会影响反光的效果，如果被照射物体是表面光滑、反射能力强的材质，那么反光也会很强；相反，如果被照射物体容易吸光，那么反射光就不会强烈，而是相对柔和一些。因此，要想使画面具有真实感，就必须考虑反射光的表现。

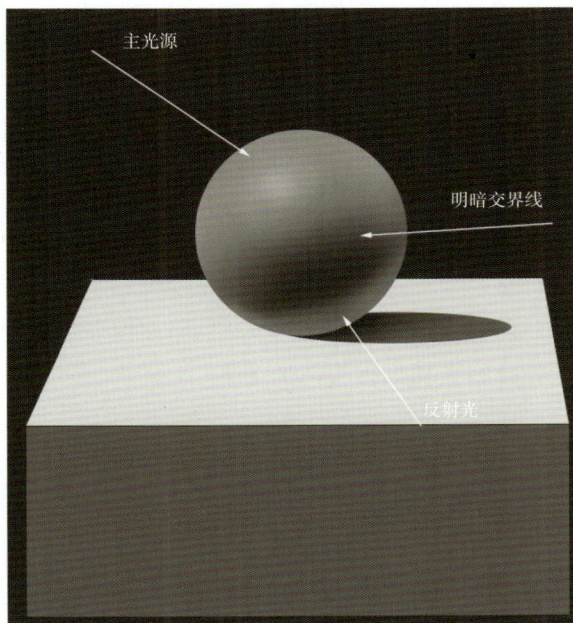

图5-24　反射光在画面中的表现

在光的照射下物体的影子投到一个面上，即投影。画作中有光，就应有物体的投影，两者构成画面的光影。投影是一幅画中的重要组成，如果有光而没有投影，那么整个画面就会使人感觉飘忽，主体物和空间是割裂的，不能很好地融合成一个整体，真实感不强。光源的光线有很多种，如直射光、散射光等。不同的光线从相同的角度照射在同一物体上，投影也是不同的。如直射光形成的影子边缘比较清晰，不过，随着光源和主体物的距离渐远，影子的边缘也会逐渐虚化，这是由于其他散射光的介入，影响影子边缘的清晰度。散射光常见于户外阴天、雨天，太阳光经过云层的遮挡，光会产生散射作用，仅有少部分光线继续沿着原本光路照射到物体上，绝大部分光线只能透过中间介质或经反射照射到被照射物体上。散射光照射的物体，不会形成明显的受光面和阴影面，影子就会变得很模糊。因此，绘画时要注重投影的处理，提升画面效果。

5.5.1　颜色与光的关系

　　一幅画面，当主光源确定后，画面的基础色调也就确定了，画面中物体的受光面颜色会受光源色的影响，而背光面颜色会受环境色的影响，这就使得受光面和背光面物体的固有色会发生变化。唯有在受光面和背光面交接处，即明暗交界线的位置能够保持物体的固有色。因此，一般在明暗交界线的位置画物体的固有色，如图5-25所示。

　　任何物体都不是孤立存在的，物体的亮部和暗部都会受到各种光源与环境光的影响，形成色彩丰富、变化微妙的色彩关系。因此，在绘画时，要从整体出发，结合物体之间的联系，处理好光和物体颜色的关系。

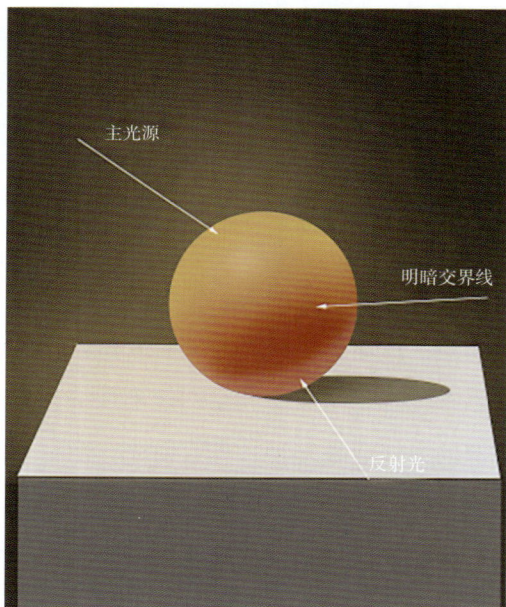

图5-25　颜色在光源中的表现

5.6　学生课后作业展示

对于学生来说，数字绘画是一种新的绘画工具，无论是绘画方法还是绘画步骤都和在纸上手绘有所不同。在学习完数字绘画工具（Photoshop）的使用方法和绘画基础知识后，就可以通过对简单几何形体的绘画练习来熟悉软件操作以及转换绘画思路。

学生作业：几何形体、素描静物、色彩静物的数字绘画练习。

（1）几何形体。如图5-26所示，从最简单的几何形体开始练习，熟悉数字绘画工具。

图5-26　几何形体

（2）静物素描写生。通过几何形体的数字绘画的练习，对数字绘画有基本认识后，可进一步增加难度，练习静物素描写生。通过静物素描写生的练习，可以练习不同材质的绘画技巧和方法，同时也鼓励学生寻找独特的画面风格。如图5-27、图5-28、图5-29所示。

图5-27　静物1

图5-28　静物2

图5-29　静物3

（3）色彩静物。通过静物素描写生练习，熟悉数字绘画工具的操作以及绘画步骤后，可以进行色彩静物写生练习，结合色彩知识来使用绘画软件的相关功能。如图5-30、图5-31、图5-32、图5-33所示。

图5-30 色彩静物1

图5-31 色彩静物2

图5-32　色彩静物3

图5-33　色彩静物4

第6章

人物基础篇

在数字绘画中，人物画占大多数，人物是数字绘画在各种应用领域的主要题材。因此，人物绘画是数字绘画的重点内容。本章将介绍数字绘画中绘制人物的基础知识，从艺用人体解剖、人体比例、人物动态、人物创作等方面，详细介绍如何创作人物数字绘画。

6.1　艺用人体解剖知识

艺用人体解剖是艺术类绘画专业的必修课程，要想成为一个成熟的艺术家，就要熟悉人体解剖知识，具备扎实的角色造型能力。只有掌握了人体解剖知识，掌握人体的运动规律，才能创作出合理的、可信的角色。

在很多影视作品与游戏中会创作幻想生物，虽然这些生物是幻想出来的，现实世界中并不存在，但是它们的生长规律同样尊重客观现实生物的生长规律。

本节主要讲人体肌肉骨骼的生长和运动规律。

6.1.1　人体骨骼

　　成年人共有206块骨，分为颅骨、躯干骨和四肢骨三大部分，它们相互连接构成人体的骨架——骨骼。骨骼的作用：① 支撑作用。人体的骨骼通过关节、肌肉、韧带等组织连成一个整体，对身体起支撑作用。假如人体没有骨骼，那只能是瘫在地上的一堆软组织，不可能站立，更不可能行走。② 保护作用。人体的骨骼如同一个框架，保护着人体重要的脏器，使其尽可能地避免外力的"干扰"和损伤。例如，颅骨保护着大脑组织，脊柱和肋骨保护着心脏、肺，骨盆保护着膀胱、子宫等。没有骨骼的保护，外来的冲击、打击很容易损伤内脏器官。③ 运动功能。骨骼与肌肉、肌腱、韧带等组织协同，共同完成人的运动功能。骨骼提供运动所必需的支撑，肌肉、肌腱提供运动的动力，韧带的作用是保持骨骼的稳定，使运动得以连续地进行。了解人体骨骼的构成和功能，有利于更好地了解肌肉的生长规律、肌肉的功能和结构特征。

　　正常人直立时，从侧面看脊柱都是呈S形弯曲的，这是为了减少运动所带来的压力，增加抗震的能力，所以在绘画的时候一定要注意这样的生理弯曲，这样画出的人物才能更加真实（图6-1）。

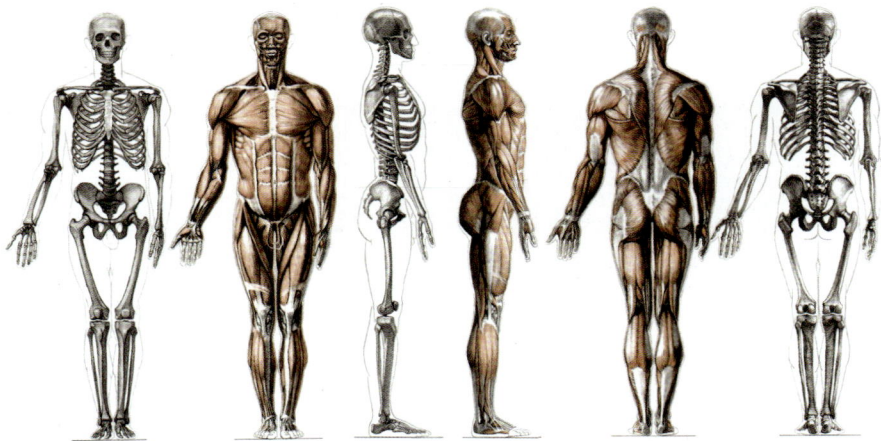

图6-1　人体正面、侧面、背面解剖图

6.1.2 头部

头部是人物绘画的关键部分，从开始学习绘画时就要不断地练习绘画头部，如从练习画石膏头像到画人物头像，从画半身像到画全身像。要想画好人物头像就需要了解头部骨骼与肌肉的解剖结构。

6.1.2.1　正面五官的位置和比例

（1）正面标准的五官位置和比例："三庭五眼"是人脸部长宽的一般标准比例。

三庭：指脸的长度比例，把脸的长度三等分，从前额发际线至眉骨，从眉骨至鼻底，从鼻底至下颏，各占脸长的1/3，如图6-2所示。

五眼：指脸的宽度比例，以眼形长度为单位，把脸的宽度五等分，从左侧发际线至右侧发际线，为五只眼形。两只眼睛之间为一只眼形，两眼外侧至侧发际各为一只眼形，各占比例的1/5。

（2）侧面头部比例：画头部的侧面时注意后脑的长度，从耳朵根部的位置区分，左右的比例相同，如图6-3所示。

（3）五官的透视方法：设想将头部装在一个长方体的空盒子中，透视关系以盒子为基准，五官的透视可以沿着长方体的盒子透视寻找，以此判断头部五官在不同角度的透视，如图6-4所示。

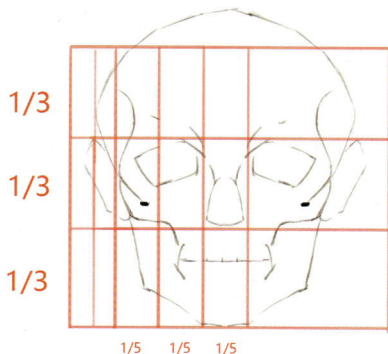

图6-2　头骨五官比例图

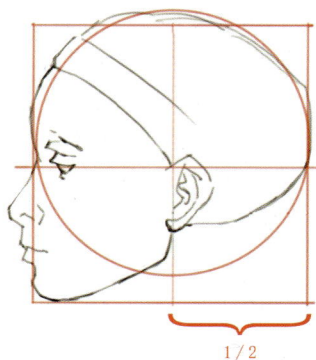

图6-3　头部侧面比例

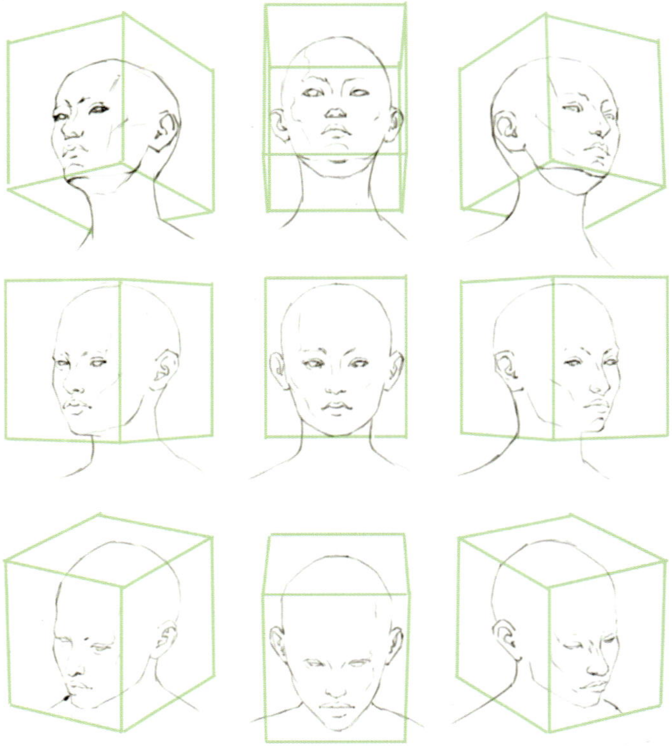

图6-4　五官透视

6.1.2.2　面部肌肉

　　面部肌肉是用来控制人的表情的，在人物角色设计的时候一定会涉及面部表情的设计。丰富的表情不仅能够增加角色自身的魅力，还能提高观众的代入感，因此表情是人物角色绘画中最为重要的内容之一。为了使绘制出来的表情丰富且真实，就得先了解人的面部肌肉（图6-5），在掌握了每块肌肉的特点及作用后，才能得心应手地画出丰富多变的表情。

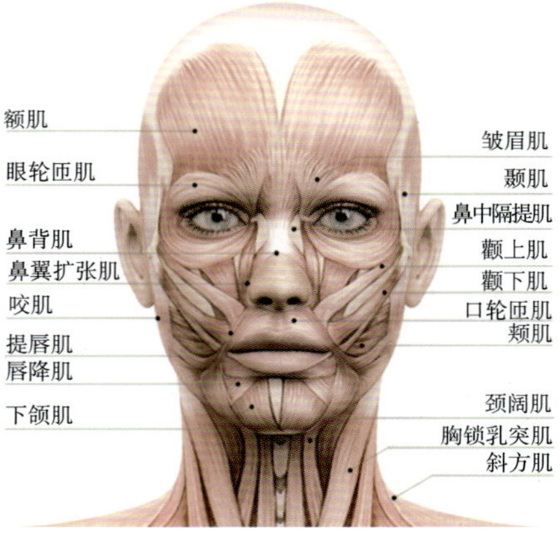

图6-5　面部肌肉图

　　（1）额肌：位于前额，眉毛的上方（图6-6），呈四边形，当我们做出惊讶的表情时，在额肌的作用下额头就会出现皱纹。抬头纹就是额肌运动过多导致皮肤松弛而形成的皱纹，皱纹的走向与肌肉收缩方向相垂直。

（2）眼轮匝肌：眼轮匝肌呈环形，可分三部分：眶部最宽，在眼眶周围；睑部在上下眼睑的皮下；泪囊部细小，附于泪囊的后面。眶部和睑部的眼轮匝肌收缩时能上提颊部和下拉额部的皮肤使眼睑闭合。"鱼尾纹"主要是由于眼轮匝肌的长期收缩而产生的。

（3）皱眉肌：位于眉毛中间末端，额肌、眶部眼轮匝肌之下。皱眉肌的作用为下拉并靠拢眉毛，在额头处产生竖直的皱纹。因皱眉头的动作可视为受苦、不适、悲伤、强忍痛楚的表情，因此被称为皱眉肌。当暴露在强光之下时，皱眉肌也会收缩，以靠拢两边眉毛，遮挡并减少进入眼睛的光线。

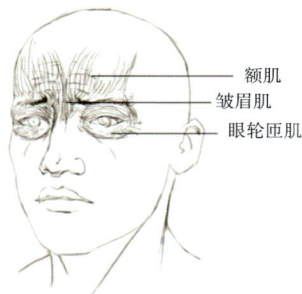

图6-6　额肌、眼轮匝肌、皱眉肌

（4）降眉肌：自鼻根部，向上止于眉间部皮肤，牵引眉间部皮肤向下，使鼻根部皮肤产生横纹。

（5）提上唇鼻翼肌：控制鼻翼抬起的两条肌肉，如图6-7所示。

（6）颧大肌：颧骨和嘴唇之间的一条带状肌肉，有上提口角的功能，可以与其他肌肉配合完成微笑等表情。如图6-7所示。

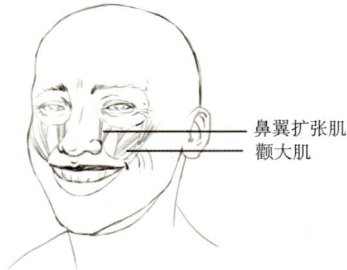

图6-7　提上唇鼻翼肌、颧大肌

（7）口轮匝肌：也称口括约肌，位于口裂上下唇周围。口轮匝肌可以看成是环形的肌肉，在位置上可以分成内、外两个部分，内圈为唇像、外圈为唇缘外围。口轮匝肌内圈在收缩时，能紧闭口裂呈抿嘴的表情，外圈收缩，并在颏肌的作用下产生噘嘴的表情，如图6-8所示。

（8）下唇方肌：位于下唇下方、颏隆突的上方。它与颏隆突共同形成"颏唇沟"的结构特征。下唇方肌在收缩时会使下唇下降，鼻唇沟拉长。一般哭、憎恨等表情会使此肌产生紧张，如图6-8所示。

（9）颏肌：位于颏隆凸的骨面上，是一组中心对称的肌肉。它负责提升下唇和下巴的中心部位。由于它会使下巴产生皱褶，与口轮匝肌一起将下唇向外推，因此常被称为"噘嘴肌肉"，如图6-8所示。

图6-9所示是一组真人面部表情图，可以结合上面介绍的面部表情肌的位置与作用，思考不同表情所涉及的肌肉的变化。

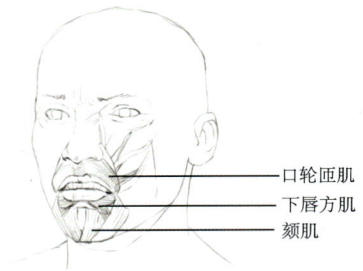

口轮匝肌
下唇方肌
颏肌

图6-8　口轮匝肌、下唇方肌与颏肌

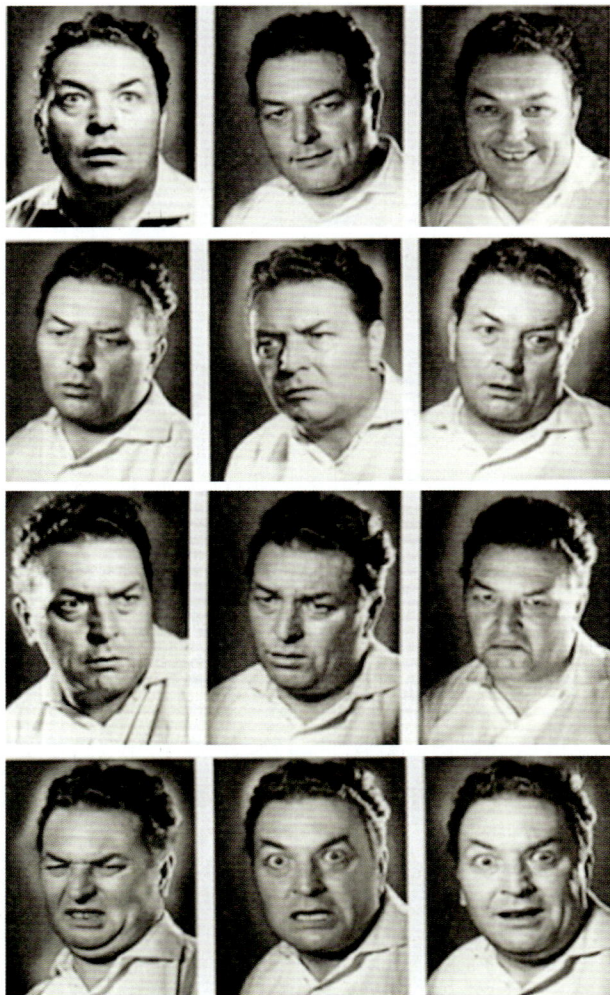

图6-9　真人面部表情图

6.1.3 颈部肌肉

胸锁乳突肌是颈部肌肉中最大、最粗的一块肌肉（图6-10）。胸锁乳突肌位于颈部的两侧，起自胸骨柄前面（胸骨头）和锁骨的胸骨端（锁骨头），胸骨头和锁骨头会合斜向后上方，止于颞骨的乳突。它是控制低头、扭头动作的主要肌肉。在画头部与颈部的关系时要注重胸锁乳突肌的走向（图6-11），不然画面很容易出现头颈关系不和谐的情况。

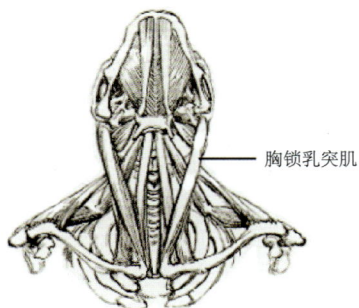

图6-10 脖子肌肉

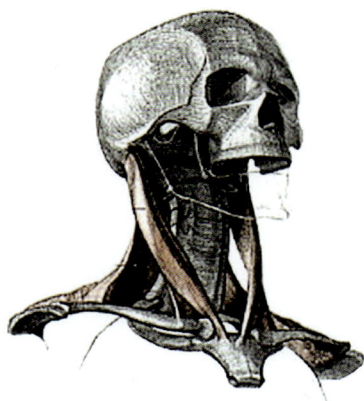

图6-11 胸锁乳突肌

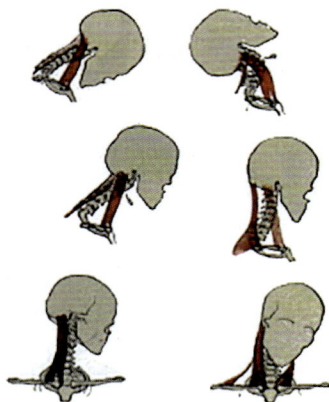

6.1.4 胸骨

胸骨为长形扁骨，上宽下窄，位于胸廓前壁正中的皮下。胸骨的上部和两侧，分别与锁骨、上位7对肋软骨相连接。成年人的胸骨从上向下依次为胸骨柄、胸骨体和剑突三部分，三部分之间借软骨相互结合，如图6-12所示。

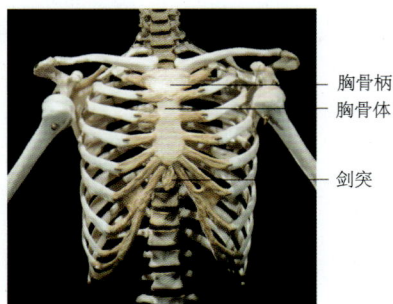

图6-12 胸骨

125

6.1.5 锁骨

锁骨位于颈根部，左右各一块，呈S形。锁骨可分为三段，内侧2/3凸向前，外侧1/3凸向后，如图6-13所示。内侧端粗大，与胸骨柄相连接，外侧端扁平，与肩胛骨的肩峰相连接。锁骨支撑肩胛骨，使肩胛骨与胸廓保持一定的距离，以保证上肢的灵活运动。

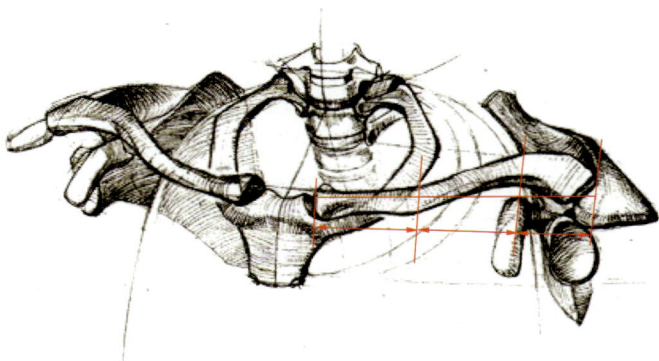

图6-13 锁骨正面

6.1.6 肩胛骨

肩胛骨又称琵琶骨，位于胸廓的后面，是倒置的三角形扁骨。它和锁骨是连在一起的，在绘画时要考虑它们的联动关系，如图6-14、图6-15所示。

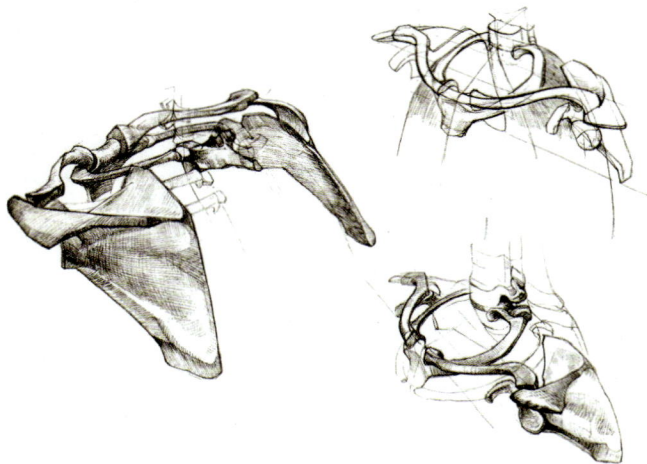

图6-14 锁骨与肩胛骨不同角度的连接图

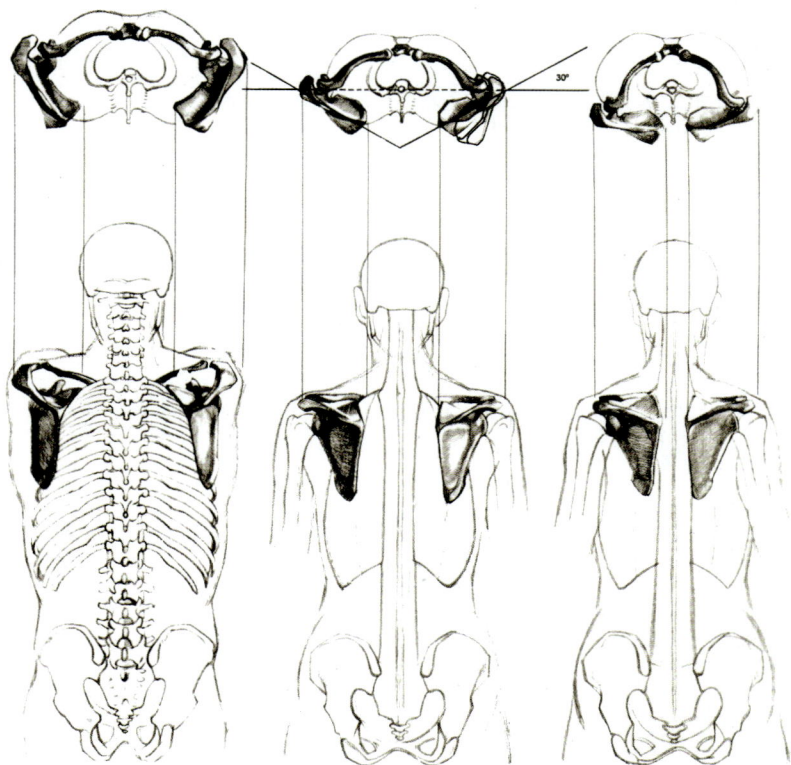

图6-15　锁骨与肩胛骨不同动作的立面（上）与背面（下）对照图

6.1.7　胸部肌肉

（1）胸大肌：胸部的肌肉分为两部分，一部分长在胸骨上，如图6-16（左）中1所示的位置；另一部分长在锁骨上，如图6-16（左）中2所示的位置。两部分肌肉束聚合向外，止于上臂外侧位置，如图6-16（右）所示。

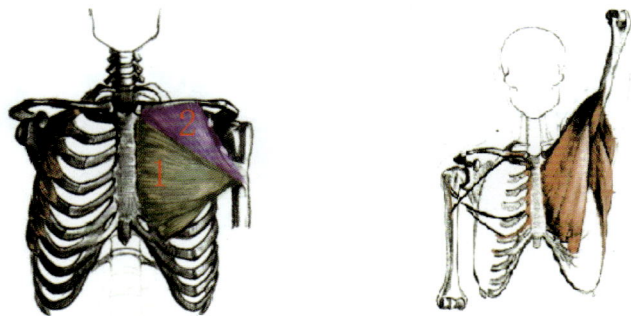

图6-16　胸大肌

（2）前锯肌：贴附在胸廓侧壁表面，以肌齿起自第1～9肋骨，止于肩胛骨的脊柱缘。各个肌束呈多指状排列，根据肌束排列与所附着的肋骨位置，可以把前锯肌分为上、中、下三个部分。上部起自第1～2肋骨和肋间，由1～2个肌齿构成；中部起自第3～5肋骨，由2～3个肌齿构成，上部和中部肌束横向生长连接后方肩胛骨，止于肩胛骨内侧缘；下部起自第6～9肋骨或第10肋骨，由4～5个肌齿构成，止于肩胛下角。从上至下肌束逐渐变大变长，下部肌束相对较厚。（图6-17）

图6-17 前锯肌

6.1.8 人体上肢

上肢分为三部分：上臂、前臂、手部。在绘画的时候要注意每个部分的结构特点。

（1）上臂：将对上臂结构产生影响的肌肉群分三部分。

第一部分肌肉群是上臂的上半部的三角肌，三角肌正面长在锁骨位置，背面长在肩胛骨上。三角肌起点是锁骨，终点在上臂中部偏上位置（和胸肌的终点一样并且包裹胸肌），如图6-18所示。腋窝就是胸肌、三角肌、背阔肌和一些小的肌肉群所形成的。注意在胸肌和三角肌两组肌肉衔接的地方有一个凹陷（图6-19），是容易被忽略的结构。三角肌的作用是抬起手臂，健身者锻炼三角肌的时候就是通过拿起重物不断地抬起上臂。因此，在画经常拿重物的强壮人物角色时注意要表现三角肌。

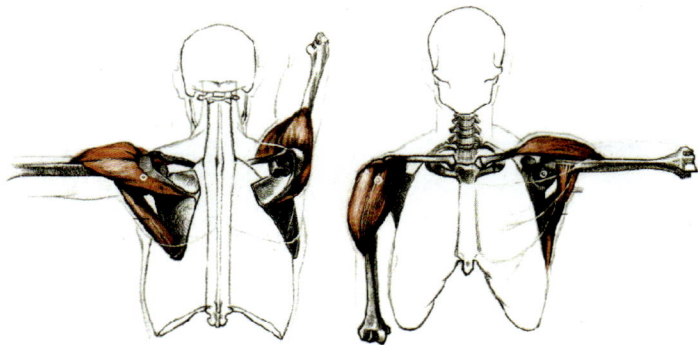

图6-18 三角肌

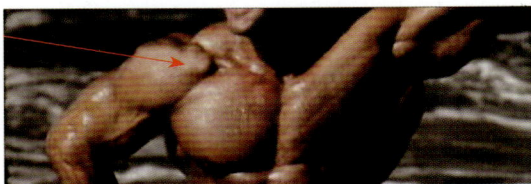

图6-19　三角肌与胸肌交界处

　　第二部分肌肉群是肱二头肌，占上臂的大部分位置。肱二头肌是比较重要的结构，用来抬起小臂，每次抬起小臂的时候它就会收缩产生膨胀的形状，就像"皮筋"一样。既然它控制小臂的抬起，那么它的一端肯定是长在小臂上，另一端长在"肩胛骨"上，如图6-20所示。

　　第三部分是一个小的肌肉群——肱三头肌，用来向后收回小臂。"肱三头肌"下面有块很薄的肌肉，如图6-21所示，因为这块很薄的肌肉并不起重要的运动作用，所以不发达，在绘画时要注意这里的结构，如图6-22箭头所指位置。

图6-20　肱二头肌解剖图

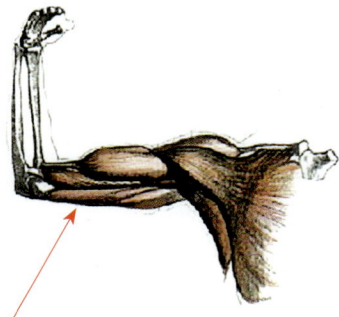

图6-21　肱三头肌解剖图

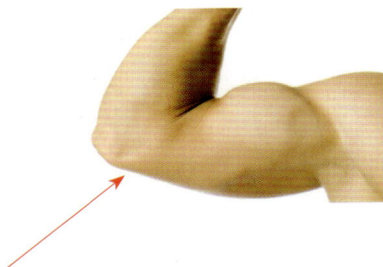

图6-22　上臂肌肉表现

（2）前臂：前臂骨包括尺骨和桡骨，前臂肌肉位于尺骨和桡骨周围，主要功能是配合手指的运动，其一端连接在手指上，另一端长在上臂位置，如图6-23所示。如果绘画的角色具有很强的握力，那么要注意强调前臂肌肉线条。前臂的肌肉要控制手指的收缩与小臂的旋转，所以有很多束，且都不是很粗，将其大致分为两组，它们包裹肘部位置，这就是"肘窝"的形成的原因，如图6-24所示。

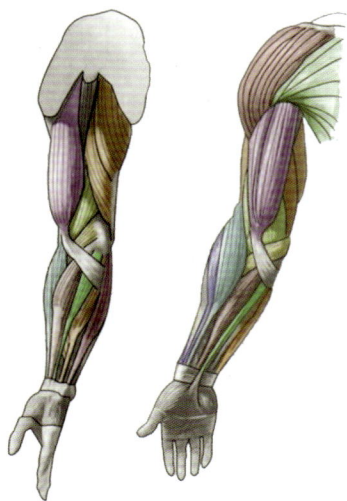

图6-23　前臂肌肉解剖图　　　　　　　图6-24　前臂肌肉表现

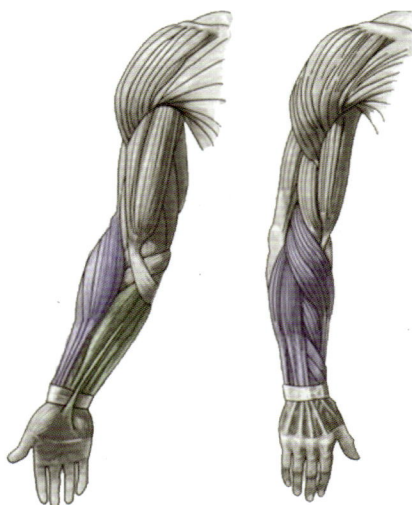

（3）手部：手部可以分为手腕、手掌和手指三部分。同样，也需要把手部的骨头分为腕骨、掌骨和指骨三部分，如图6-25所示。在画手掌的时候起稿阶段不要考虑细节，首先要关注手部各部分的比例，如图6-26所示。

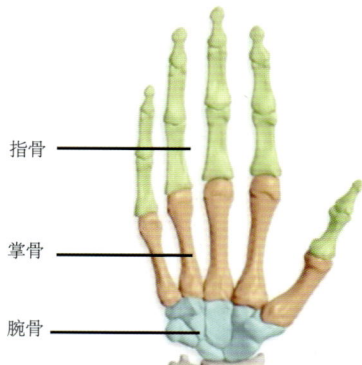

指骨

掌骨

腕骨

图6-25　手部骨骼

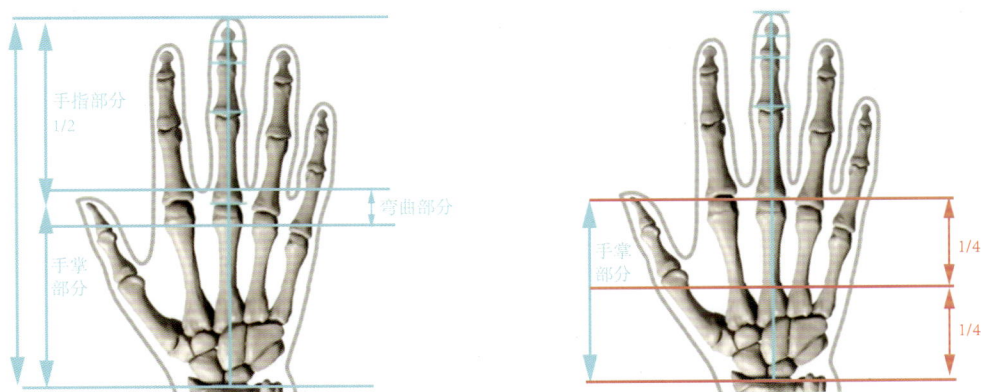

图6-26　手部各部分比例

以食指为例，从侧面看，一般将指背按指骨间关节位置分为A、B、C三部分，B的长度是A的百分之七十五，C的长度是B的百分之七十五，手指甲的长度为C的一半，如图6-27所示。

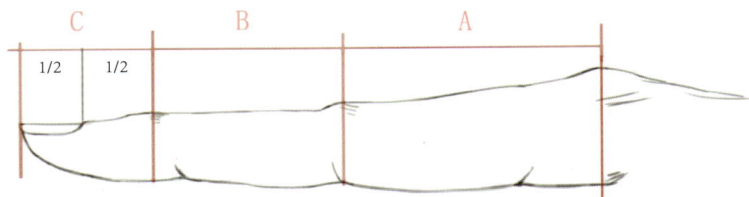

图6-27　手指食指比例图

各手指之间的连接，即指蹼，略有弧度（图6-28），绘画时，注意不要画成图中红色所示的尖角，在有些题材中，可画成直的。

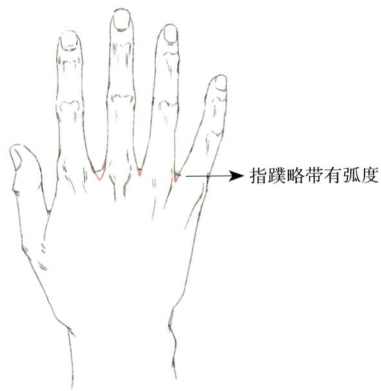

图6-28　手部图

理解手各部分的比例是绘画的基础，确定好手部的比例后，接下来将每根手指看作三段圆柱体，将手掌看作长方体，如图6-29所示。

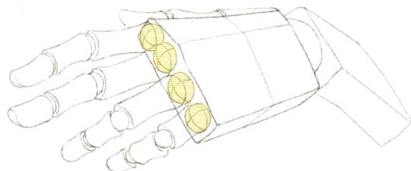

图6-29　手部体积图

根据如图6-30所示，在头脑中想象手部做出各种动作的轮廓图，确定绘画起稿时手指位置和轮廓。

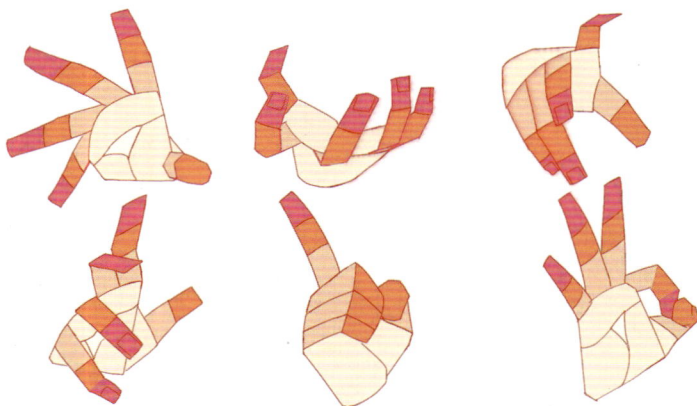

图6-30　手部各动作轮廓图

进一步修整出手各部分的结构和形状，体现出立体感，如图6-31所示。

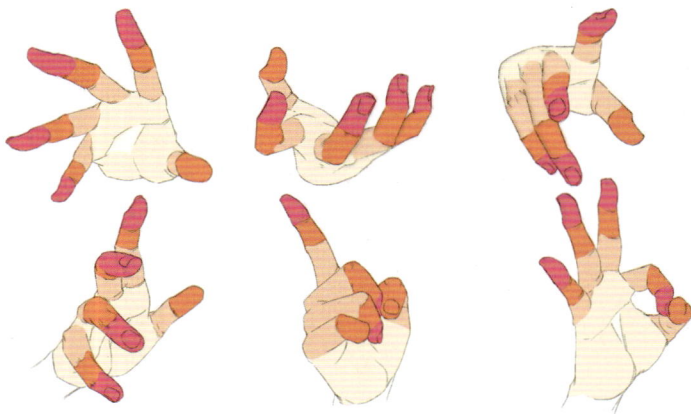

图6-31　手部细节图

6.1.9 腹肌

腹肌是人体结缔组织组成中的重要部分，包括腹直肌、腹外斜肌、腹内斜肌和腹横肌。当它们收缩时，可以使躯干弯曲及旋转，并可以防止骨盆前倾。腹部肌肉对于腰椎的活动和稳定性也有相当重要的作用，可以控制骨盆与脊柱的活动。腹肌的上部分连接在胸骨上，下部分连接在盆骨上，如图6-32所示。腹外斜肌位于腹前外侧壁肌的浅层，是用来保护腹部的肌肉（图6-33），因为腹部没有骨骼，是柔软的，所以在画人物腹部的时候，注意线条要柔和。

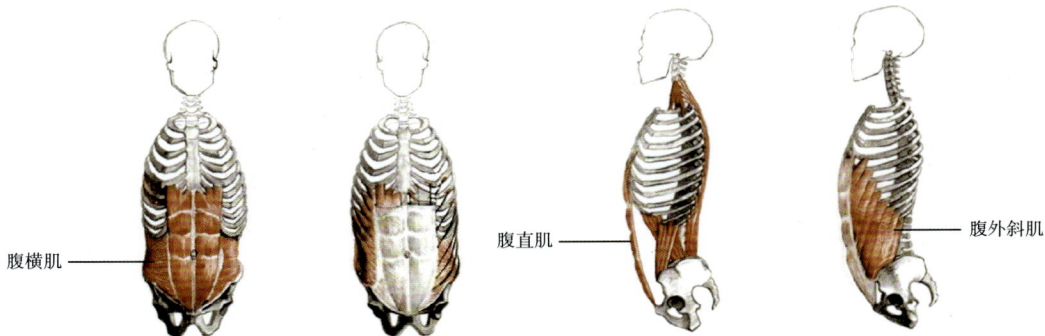

图6-32 腹部正面肌肉解剖图

图6-33 腹部侧面肌肉解剖图

6.1.10 骨盆

骨盆是连接脊柱和下肢之间的盆状骨架，由骶骨、尾骨和两块髋骨（由髂骨、坐骨及耻骨融合而成）组成，如图6-34所示。骶骨与髂骨和骶骨与尾骨间，均有坚强韧带支持连接，形成关节，一般不能活动，结构比较稳定。男女骨盆会有大小的区别，男性骨盆上口呈心形，下口较狭窄，骨盆腔较窄长，呈漏斗型，骶骨岬前突明显，耻骨下角为70°～75°，如图6-34所示。女性骨盆上口近似圆形，下口较宽大，骨盆腔短而宽，呈圆桶型，骶骨岬前突不明显，耻骨下角为90°～100°，如图6-35所示。

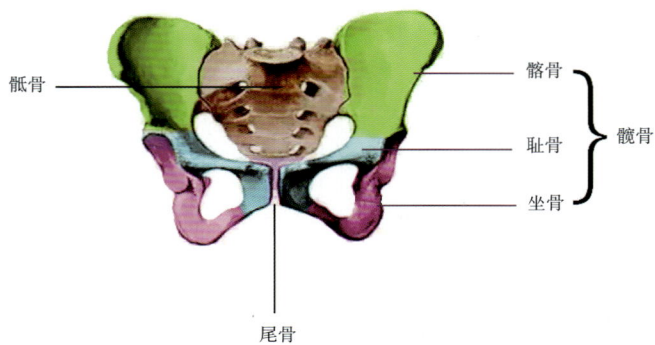

图6-34　骨盆

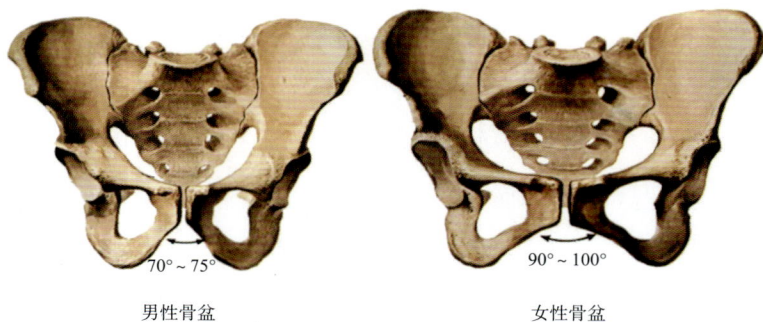

图6-35　男女骨盆

　　骨盆的结构比较复杂并且不能拆分运动，在绘画时，特别是画透视图时可视为一个整体，不必关注细节，如图6-36所示。

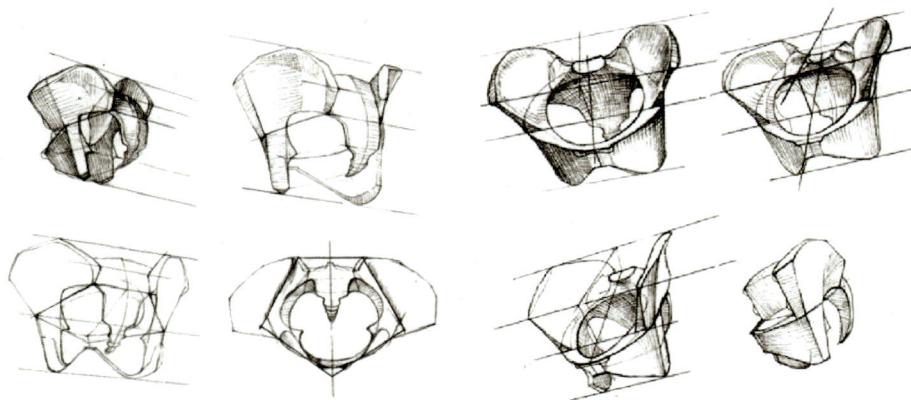

图6-36　骨盆透视图

强壮的人、胖的人、瘦的人的腹部与盆骨的侧面结构是不同的。强壮的人"腹外斜肌"发达，"髂骨"所在位置是凹进去的，如图6-37所示；而消瘦的人"腹外斜肌"是凹陷的，"髂骨"所在的位置是凸起的，如图6-38所示。

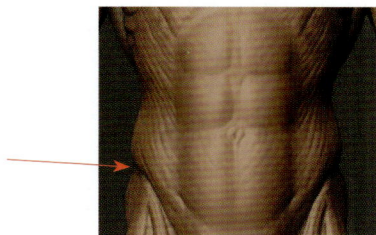

图6-37　髂骨位置凹陷　　　　　　　　　图6-38　髂骨位置凸起

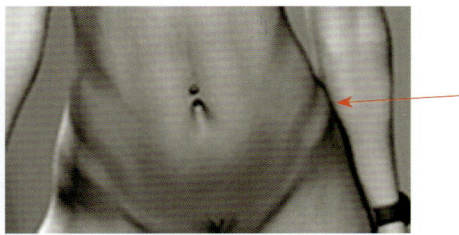

6.1.11　臀大肌

臀大肌呈宽厚四边形，起自髂骨、骶骨、尾骨及骶结节韧带的背面，肌束斜向外下方，以一厚腱板越过髋关节的后方，止于臀肌粗隆和髂胫束，如图6-39所示。因臀大肌的特有结构，臀部对于绘画来说非常重要。在画人体的侧面和后面时，要注意将臀部与大腿间形成的凹陷画出来，如图6-40所示。

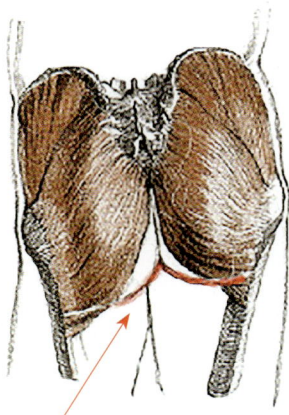

图6-39　臀大肌解剖图　　　　　图6-40　臀大肌侧面（左）与正面（右）

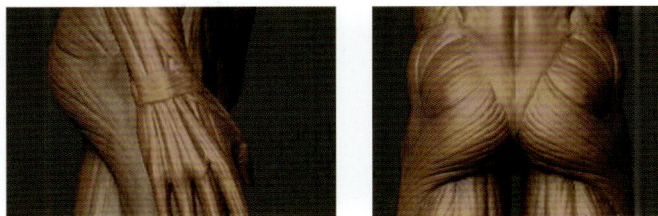

6.1.12　下肢肌

下肢肌是下肢骨骼肌的总称，可分成髋肌、大腿肌、小腿肌和足肌四部分。下肢肌比上肢肌强大粗壮，这与维持人体直立姿势、支持体重、走、跑、跳有关。下肢肌肉具有承担支持身体和移动身体的功能，髋肌能使大腿后伸和向外转动，大腿肌能使膝伸直，小腿肌收缩时能提起足跟，足肌有维持足弓的作用。

在画下肢的时候注意体现S形。从正面看，胯部、大腿、小腿、脚踝、脚掌连线形成S形。从侧面看，臀部、大腿、膝窝、小腿、脚掌连线也呈S形。呈S形有助于减轻身体压力，保持平衡，减小震动带来的伤害，如图6-41所示。

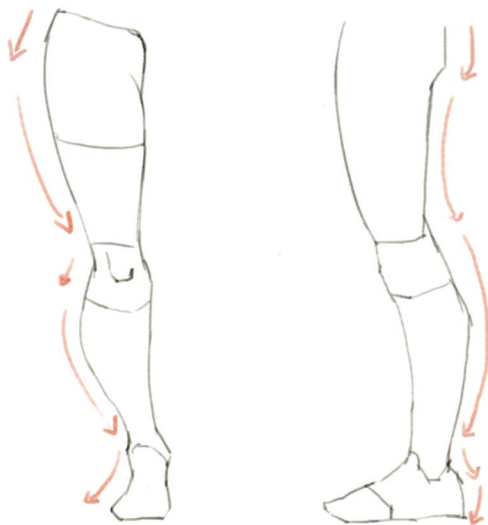

图6-41　腿部正面（左）与侧面（右）观

通过对骨骼与肌肉功能的理解，有利于画好丰富多彩的人物像。

6.2　人体比例

正确掌握人体的比例是画好人物画的先决条件。通常以头高为单位来计算人体比例，不同种族的人体比例是不同的，相同种族的男女人体比例基本相同。据统计，中国成年人身高一般都在7到7个半头高。一般在插漫画中的人体比例会更夸张一些，从3个头高（Q版人物）到10个头高不等。在插漫画的角色中用得最多的是8个头高，将成人身高8等分，头占1份，上身2份，腹部1份，大腿2份，小腿和脚2份，如图6-42所示。

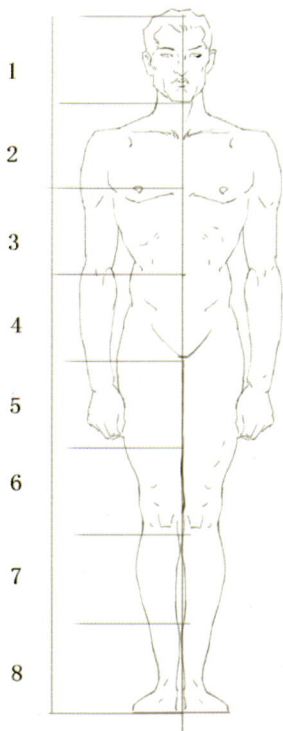

图6-42　成人人体比例图

尽量把人体比例画得准确是人物写生与创作人物画的最基本要求。人体的比例一定要符合角色设定的要求，体现角色的性格特征、职业特种、种族特征等。现实中不同年龄的身高比例规律：一般1岁4个头高，3岁5个头高，5岁6个头高，10岁7个头高，15岁7.5个头高，如图6-43所示。

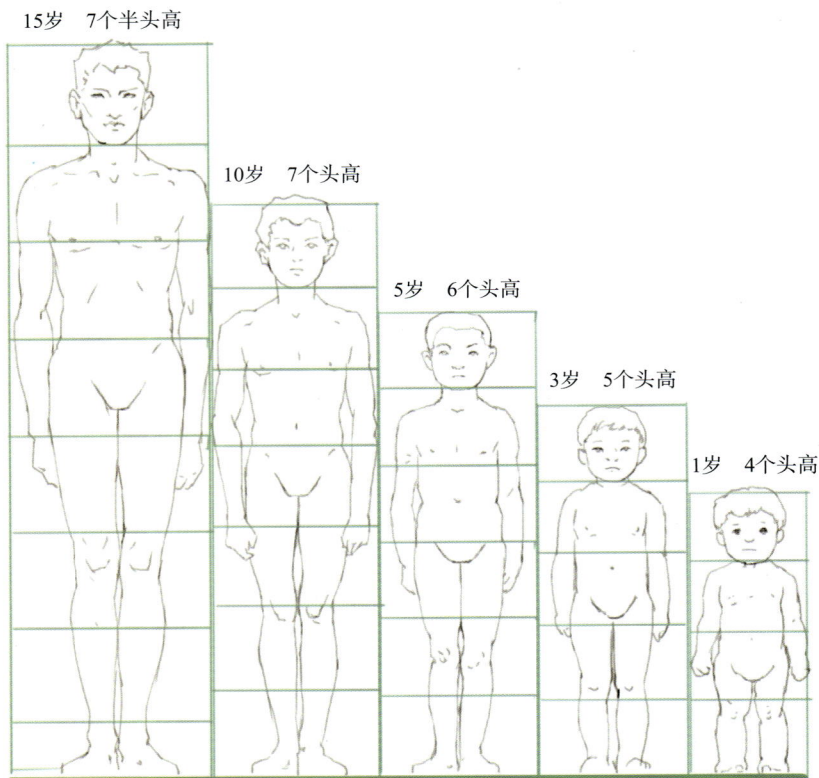

图6-43　不同年龄人体比例图

6.3　人物动态的练习

　　在画人物角色时，只有结合前面介绍的艺用人体解剖知识，才能熟练地画好人物动作。唯有画好人物动作才能更好地体现人物的性格。本节介绍人物动态速写的方法。

6.3.1 素材

在本科阶段除了专业的美术类院校（如中央美术学院、天津美术学院、鲁迅美术学院等）学生以外，其他综合类院校的学生很少有机会针对专业的模特进行写生绘画练习，但是又不能因此回避人体绘画的练习。最直接和简单的练习方法是借助网络，在网络上搜索人体动态、人体模特等关键词，找一些素材图片，进行训练，虽然没有人体写生的效果好，但是聊胜于无，有助于人物动态的练习。每一个人物角色绘画者都要有一个人物素材图库（文件夹），图库里的素材需要不断积累，这些素材都是未来创作用的参考图，也可在平时练习人物动态的时候从中选择合适的素材，如图6-44所示。

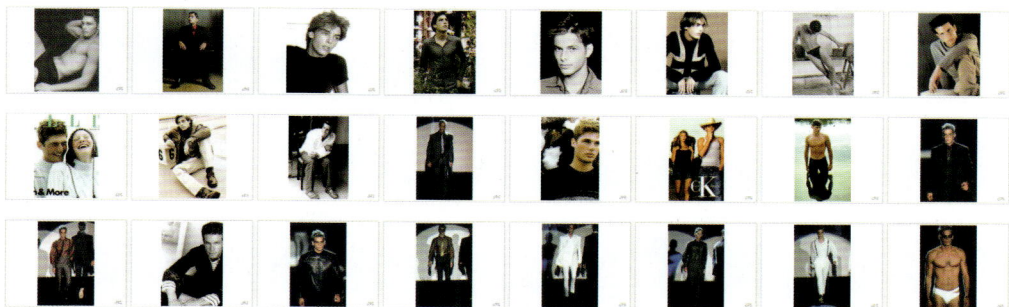

图6-44 素材图库

6.3.2 人物动态练习

动态的练习主要通过速写的形式，要明确速写的目的是什么。本节提到的通过速写进行的动态练习是为了创作，在练习中重点要考虑如何为创作服务。练习当中要解决的重点问题：① 在进行人物动态练习初期，要注重人物的动态轮廓，可以忽略人物的面部表情与身体细节，重点放在动态上；② 在动态速写过程中要结合解剖知识对人体结构进行印证记忆，最终达到默画的程度，在创作过程中快速画出人物动态。

在进行人物动态练习时可以根据不同学习阶段作针对性的练习。初期可以用线来表现，即用线的方式对结构与材质进行概括和记忆，注意用线表现人物动态、结构的穿插、材质等，如图6-45所示。中期的时候可以利用明暗光影来表现人物动态、结构与材质，如图6-46所示。

图6-45　动态练习线稿

图6-46　动态练习黑白稿

除线与面的练习之外，还可以针对人物的结构进行练习，如图6-47所示。

图6-47　人物动态结构练习

　　针对人物动态的练习还可以用剪影的方式。用剪影练习的好处是可以快速地抓住角色的轮廓特征，忽略细节的影响，如图6-48所示。

　　人物动态练习的表现形式是多样的，每种都有独特的练习目的和方法，可根据个人的绘画基础进行针对性的训练，如结构、人体、光影、固有色等，如图6-49所示。

图6-48　剪影速写

图6-49　人物动态速写练习

6.4　人物头像的练习

　　人物动态练习的是整体，在画人物动态的同时要注重人物细节的练习，头像的练习是人物细节练习的重点，画好人物的五官可以有效地表现人物的气质、性格和状态，本节主要介绍人物头像的练习过程与方法。

　　练习的初期可以画一些速写小稿，主要研究轮廓的层次结构、色彩的明暗关系等。结合前面学习的面部肌肉与骨骼知识点，尽量做到画得准确，如图6-50所示。

图6-50　头像速写

练习的中期可以进行一些人物头像的长期作业，练习细节与皮肤质感的刻画能力，如图6-51所示。

练习的最后要回归创作，整合所学的知识进行人物头像的创作。前期在练习过程中已经对头部绘画积累了大量经验，把这些经验拿出来进行创作，

图6-51　头像深入练习

不要恐惧创作，要保留创作的动力，把灵感和所学的基础知识结合起来并用经验表现出来，多多尝试，找到自己的创作方法与画面效果，如图6-52所示。

图6-52　头像创作（谭继康　绘制）

6.5　其他练习

在数字绘画中要对很多物体进行绘画练习，特别是在画人物的时候，其身上的衣服或者鞋子等元素在一幅角色人物画面中占很大的比例，所以有必要进行练习。下面介绍衣服布折、鞋子的练习，在练习局部绘画的时候可以忽略其他部分，如图

6-53、图6-54、图6-55所示。

图6-53　衣服材质、布折练习1（唐浩龙　绘制）

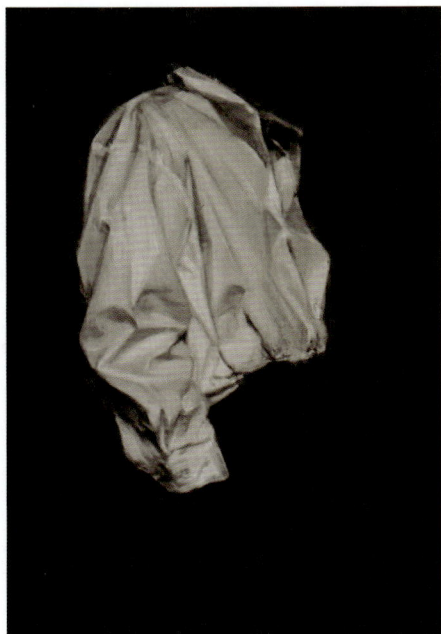

图6-54　衣服材质、布折练习2（唐浩龙　绘制）

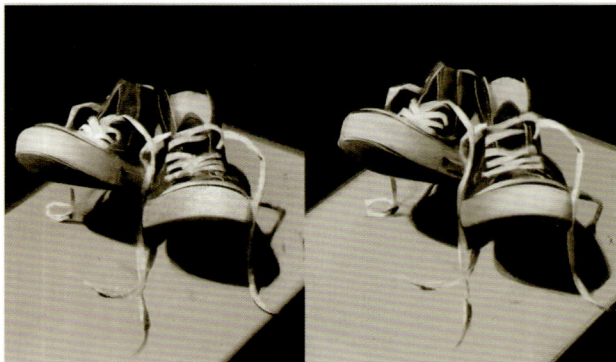

图6-55　鞋子细节刻画练习（唐浩龙　绘制）

　　练习局部绘画的时候需要注意光影、材质、结构，在练习过程中需要进行记忆并总结规律，这是练习的目的，很多同学在练习时不动脑筋，特别是临摹或者画照片的时候，把绘画当成一种体力劳动，事实上绘画是需要动脑的，要边画边思考。

6.6　人物的创作

　　学习完艺用人体解剖与人物动态等知识，就可以开始进行人物的创作。在创作之前首先要确定画面的风格，数字绘画的特点是不同的绘画步骤会产生不同的画面风格，每种方法都有各自的特点。在创作练习的初期阶段可以先临摹，临摹别人作品的好处是能直接吸收优秀作品的长处，例如，结构的设计、细节的刻画、明暗的表现、颜色的搭配、动态的设计等。临摹的目的是为创作打基础，不能一直临摹下去，所以在临摹过程中要记住临摹作品的优点，积累经验。下面介绍几种人物绘画的过程。

6.6.1　人物全身绘画范例

（1）用Photoshop起稿，新建图层，命名为"线稿层"，注意不要在背景层上绘画，如图6-56所示。用线画出角色人物的身体轮廓，注意线与线之间的穿插和呼应关系，并保持线条的流畅性，如图6-57所示。

图6-56　Photoshop图层界面1

图6-57　角色人物线稿（杜春明　绘制）

（2）再新建一个图层，命名为"灰色层"，把线稿图放置在最上面一层，如图6-58所示。在灰色层上用灰色涂满线稿绘画的部分，确定轮廓，如图6-59所示。

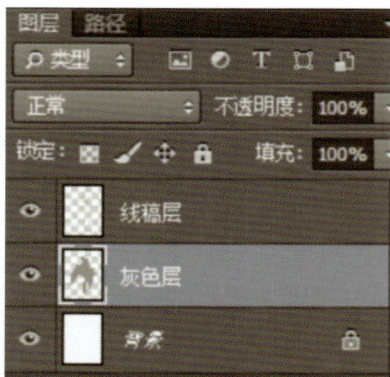

图6-58　Photoshop图层界面2

图6-59　灰色图层（杜春明　绘制）

（3）在灰色层上方再建一个空白图层，命名为"黑白灰"。这里使用"向下剪切蒙版"命令，"向下剪切蒙版"是"黑白灰"图层的像素信息，只能在其下面的"灰色层"上有像素的地方显示。具体操作：点击"灰色层"，然后按快捷键

Alt+Ctrl+G，"黑白灰"图层上会出现一个向下的箭头，如图6-60所示。在"黑白灰"图层上绘制角色身体不同部位的固有色的灰度，绘制成黑白稿（图6-61）。

图6-60　Photoshop图层界面3

图6-61　黑白稿（杜春明　绘制）

（4）在"黑白灰"图层上面新建一个图层，命名为"颜色"（图6-62）。同样对这个图层进行"向下剪切蒙版"操作。在这个图层上采用平涂的方式对画面不同位置上色，绘制成彩色稿（图6-63）。

图6-62　Photoshop图层界面4

图6-63　彩色稿（杜春明　绘制）

（5）在"颜色"图层上新建图层，命名为"明暗图层"（图6-64），对这个图层进行"向下剪切蒙版"操作，将图层属性由"正常"改为"正片叠底"。用灰色绘制画面暗部，绘制成彩色明暗稿，如图6-65所示。

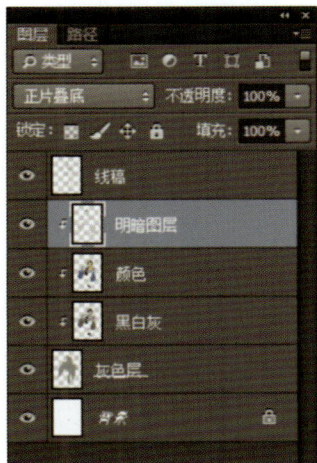

图6-64　Photoshop图层界面5

图6-65　彩色明暗稿（杜春明　绘制）

（6）在"明暗"图层上新建图层，命名为"修整图层"（图6-66）。对画面的细节进行修整，把明暗过渡画得柔和，添加细节，完成作品，如图6-67所示。

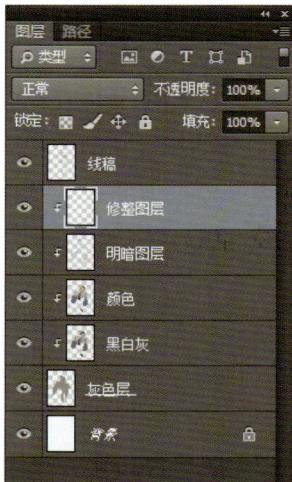

图6-66　Photoshop图层界面6

图6-67　完成图（杜春明　绘制）

总结：线面平涂的绘画方式适合初学者，对线稿的要求比较高，绘画过程清晰并容易操作，优点是画面容易把控、画面装饰感强，缺点是空间不容易表现，立体感不强。

6.6.2　Q版人物绘画范例

Q版是一种漫画的变形夸张形式。人物造型头身比例通常在2个头高到4个头高之间。Q版是头大、眼睛大的卡通形象，是萌化的一种绘画流派。

（1）第一步，新建"空白图层"，画草稿。画草稿的主要目的是确定人物的动态、人物的服装、人体各部分的比例等，草稿确定以后，描线，画出线稿图，如图6-68所示。

（2）新建立"图层"，平涂颜色。平涂颜色主要是确定人物不同位置的固有色，如图6-69所示。

图6-68　线稿图（杜春明　绘制）

图6-69　上固有色（杜春明　绘制）

（3）新建"图层"，在固有色图层基础上，画亮部和暗部，注意统一光线，暗部不要画得太生硬，如图6-70所示。

（4）再新建一个图层，在明暗基础上绘画细节，完善光源，注意不同部位的材质刻画，例如，皮肤的质感、衣服的质感等，刻画细节的时间比较长，需要多参考一些素材，如图6-71所示。

图6-70　画亮部和暗部（杜春明　绘制）　　　　图6-71　细节刻画（杜春明　绘制）

总结：Q版人物绘画比线稿平涂的角色画更具有光感和立体感。需要设计颜色与光源。因为要不停地提高画面的完成度，所以要时刻注意光源与颜色的变化，明确的光源可以更好地体现角色的立体感和形象感。

6.6.3　胸像绘画范例

（1）用线或者面起稿后直接用颜色进行绘画，这一步尽量把颜色的大关系铺好，特别是冷暖关系，用颜色把大的结构和体积感表现出来，如图6-72所示。

（2）在绘画过程中时刻注意画面的整体性，颜色的统一，尽量增加细节，为后期调整做准备，如图6-73所示。

图6-72　草稿和大关系（李玲珑　绘制）

图6-73　整体刻画（李玲珑　绘制）

（3）最后是调整画面，增加细节，确定光源。注意虚实的变化，受光位置做加法，暗部做减法，如图6-74所示。

图6-74　完善细节（李玲珑　绘制）

　　总结：直接用颜色进行绘画的优点是可以将画面色彩画得很丰富，使画面充满灵性，使主体物边缘很好地融合在画面中；还可以随时用颜色填充画面，保持画面的新鲜感。在绘画过程中要考虑的因素比较多，新手很难把握，容易把画面画碎，要注意受光的地方需要多画细节，特别是明暗交界线的地方，暗部的细节可以少画，但是颜色需要更丰富。

6.6.4　头像绘画范例

　　这里介绍的头像绘画范例使用了FantaMorph软件，该软件可以将两个不同素材合并，生成一个新的素材。

　　搜索两张素材，一张是真人头像，如图6-75所示；一张是一个插画头像，如图6-76所示。

图6-75　原始图1　　　　　　　　　　　　　　图6-76　原始图2

　　（1）打开FantaMorph软件，如图6-77所示。

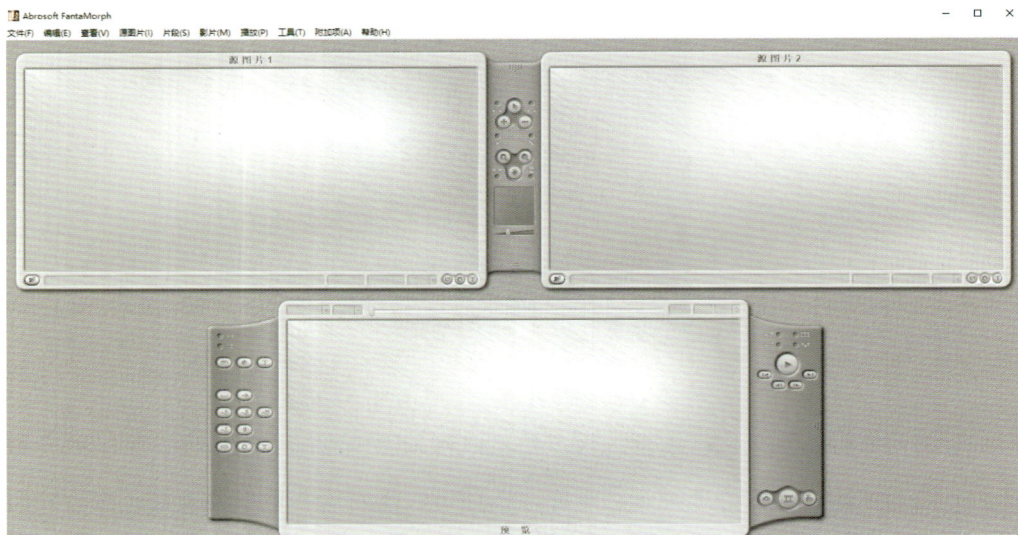

图6-77　FantaMorph 界面

（2）点击"文件"中的"创建新项目"，如图6-78所示。选择"Morph"，选择准备好的原图1与原图2，如图6-79所示。

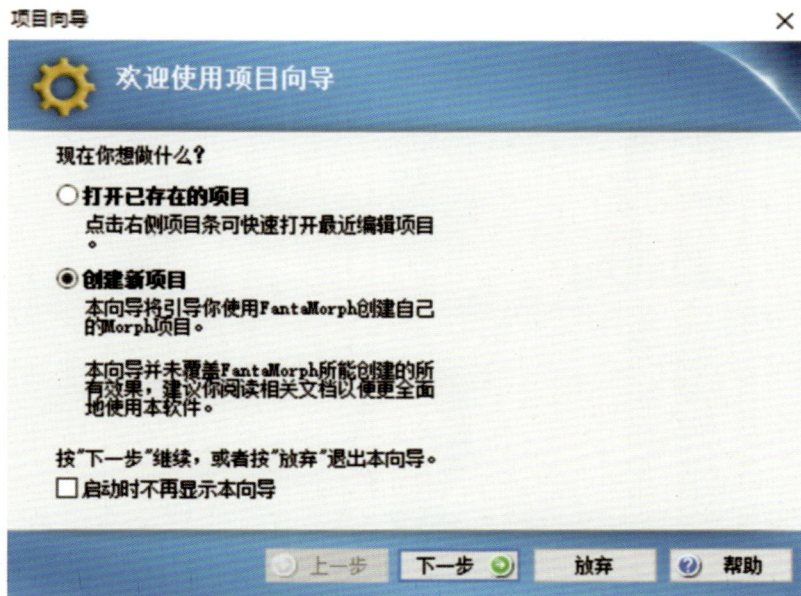

图6-78 创建项目

图6-79 选择模式

（3）把准备好的两张图片素材添加到源图片1和源图片2中，如图6-80所示。

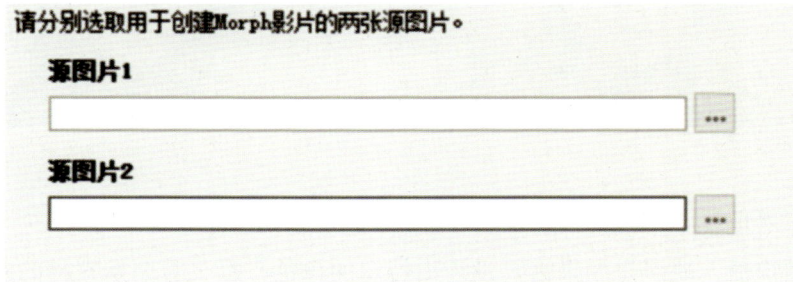

图6-80 添加素材

（4）放入图片后会出现图6-81所示操作界面，在两张图上分别点击五官位置生成锚点，把两张人物的锚点拖动到合适的位置，如五官的位置、脸的轮廓位置，要使两张人物图像对应互相匹配。

图6-81　FantaMorph操作界面

（5）导出合成后的图片，如图6-82所示。

（6）将导出后的图片复制到Photoshop中，进行绘画修改，如图6-83所示为修改后的图片。

图6-82　合成图片

图6-83　修改后图片

这个方法是利用多个软件进行绘画调整，这就是数字绘画的优势。这种方法的优点是快捷，缺点是如果需要设计出特定的角色，那么对原始素材的要求就特别高，灵活性不够好，所以平时练习时不建议使用这种方法。

6.7 学生作业作品展示

数字绘画的人物风格是多样的，每个数字绘画者所画的人物风格各有特色，下面列举一些学生的作业作品，供参考。

图6-84、图6-85这一组作业是学生的毕业设计作品，该作品是中国传统文化元素与个人绘画风格的结合，能看出这位同学找了很多参考资料和素材。因此，在创作的时候一定要寻找相应的素材，这样画出来的作品才更有内涵与感染力。

图6-84 学生人物作业作品1（傅文 绘制）

图6-85　学生人物作业作品2（傅文　绘制）

图6-86所示的作品是作者读大一时画的，可以看出有很好的绘画基础，Q版人物画得很有活力，人物性格表达也很充分。

图6-86　学生人物作业作品3（傅文　绘制）

图6-87是作者的平时练习作品，参考中国敦煌壁画《飞天》，人物造型柔美，线条流畅，颜色对比强烈，是一幅优秀的作品。

图6-87　学生人物作业作品4（傅文　绘制）

图6-88、图6-89是作者的毕业设计，题材参考了赛博朋克的元素，结合对角色的设定设计的一套人物，作者一直对赛博朋克很感兴趣，在画这一套人物时寻找了很多参考资料。

图6-88　学生人物作业作品7（李思含　绘制）

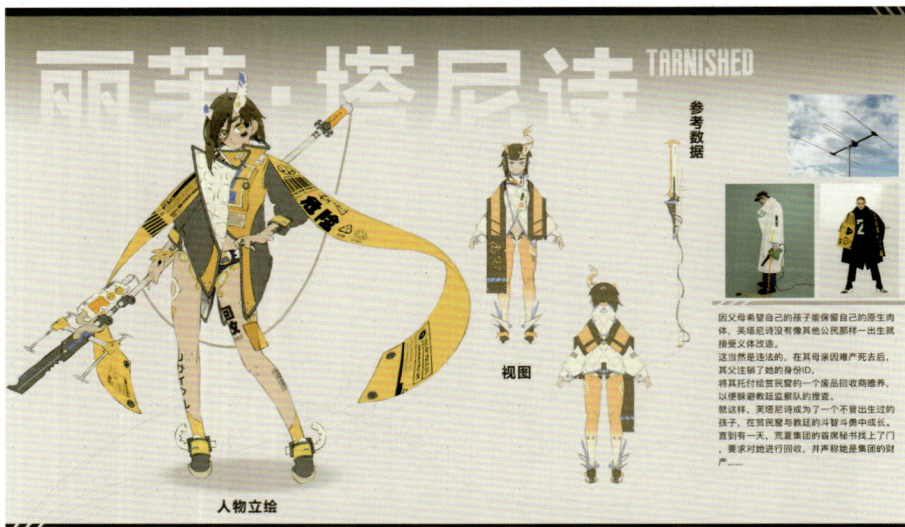

图6-89　学生人物作业作品8（李思含　绘制）

图6-90是作者绘画初期的练习作品，作者在绘画这张练习的时候刚学数字绘画不久，但作者的绘画基本功扎实，画面细腻，皮肤质感表达充分，是很生动的作品。

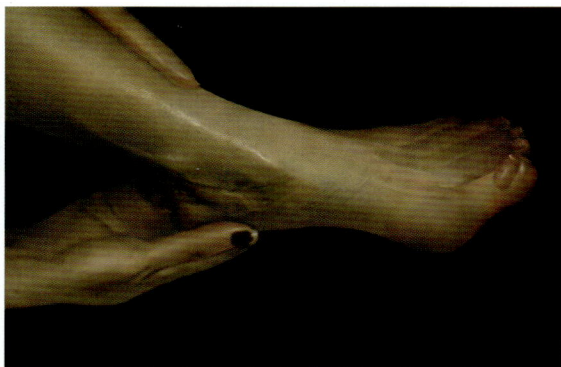

图6-90　学生人物作业作品9（谭继康　绘制）

图6-91是作者学习数字绘画一年后的作品，有了自己独特的画面风格，画面颜色丰富，虚实运用恰当，是比较成熟的作品。

图6-91　学生人物作业作品10（谭继康　绘制）

第7章

场景篇

7.1 场景的概念

很多时候"场景"往往被误认为是"背景"。"背景"是图画上衬托的景物，而"场景"是戏剧、影视中的场面。"背景"中的"背"是后面、衬托的意思，是用来衬托前面的角色的。"场景"中的"场"有三个含义：① 适应某种需要的地方（空间）；② 戏剧影视中的较小的段落（时间）；③ 传递物质间的互相作用（力量）。"景"都是指景物的意思，是空间的概念。因此，"场景"是指特定时间中具有某种内在力量的特定空间。

在数字绘画中，场景的画面效果要符合艺术审美的基本规律，它的美感来自视觉审美，但是它有独特的要求与任务。比如游戏的场景，是为游戏的制作服务，游戏场景设计需要立体的思维模式，要符合整个游戏的环境，场景风格要和其他角色相匹配，如游戏的角色能否在这个场景中自由活动，色彩在环境中要协调等，如图7-1所示。影视场景更多地关注气氛，要求人物能融合在场景中，要使电影工作组的人员看到场景图就能准确理解这场戏的气氛，以便于指导影片的拍摄与制作，如图7-2所示。动画的场景需要角色能在空间中进行表演，因此，要考虑空间结构的穿插，角色在里面运动的方向等，如图7-3所示。不同应用领域场景设计的重点不同，因此，要明确场景的具体应用领域。场景的设计是一种"语言"，用它来表达思想，表达意境，当创作者意识到是在用它在"说明"某些内容的时候就有了创作的方向。

图7-1 游戏场景设计（杜振 绘制）

图7-2 影视场景设计（孟鹏 绘制）

图7-3　动画场景设计（ZDDM·绘制）

然而，不同应用领域的"场景"也有很多相同的地方，在场景设计中，空间是表现的重点，要想在一个二维平面中画出三维效果图，就必须掌握绘画的空间表现方法，例如，空间透视、光的运用、构图的设计、利用颜色处理空间等。

7.2　场景透视

场景透视是画场景最基本的理论知识，在数字绘画学习初期可以利用透视的原理来塑造空间，相信很多同学之前都学习过透视的理论，但是真正绘画时发现不会运用，本节将细致地讲解透视的知识点，使学生能结合绘画练习，达到熟练运用的目的。

需要强调的是，在画场景的时候，不要先画主体物，再画透视线，而应该先画透视线，在透视线的基础上才能把画面中所有物体统一在一个空间中。如果画面中的物体少，则可以后画透视关系。如果画面中物体很多，后画透视关系则很难把控。

7.2.1　一点透视

一点透视也叫平行透视。放置在地面上的方形物中，有一个竖直面平行于画面，观者眼中的这个面不会发生透视变形，称之为一点透视。换言之，主体物只有一个方向的立面平行于画面，故又称正面透视。在一点透视中要强调两个概念："地平线"和"消失点"，如图7-4所示。

地平线：是划分天地水平的分割线，面对大海远处海面消失的那条线就可以理解为地平线，无论绘画者的视线往哪里移动它都在那个固定的位置。

消失点：是规则形状景物的边线在地平线上汇集的那个点，可以想象一下铁路尽头消失的那个点，如图7-5所示。消失点在地平线上。

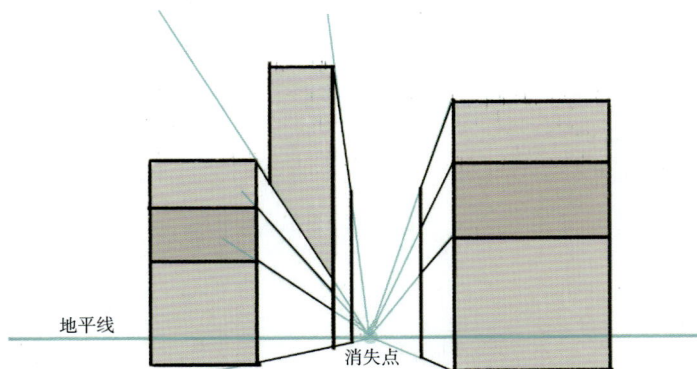

图7-4　一点透视分析图

图7-5　铁路尽头消失点

7.2.2　两点透视

　　两点透视又叫"成角透视"，是景物纵深与视中线成一定角度的透视，用两点透视的方法画室内的时候一般表现室内的一角，如图7-6所示。画室外的情况有三种，画者正对着地平线画面表现为平视图，如图7-7，图7-8所示；画者位置高于地平线画面表现为俯视图，如图7-9所示；画者位置低于地平线画面表现为仰视图，如图7-10所示。多数情况下会用平视图进行两点透视的绘画，平视的视角是在模仿人的视线角度。两点透视最明显的特点是一条垂直边线正对着画面，其他垂直边线要符合近大远小的原则并消失在地平线的消失点上，如图7-10所示。

图7-6　室内两点透视图

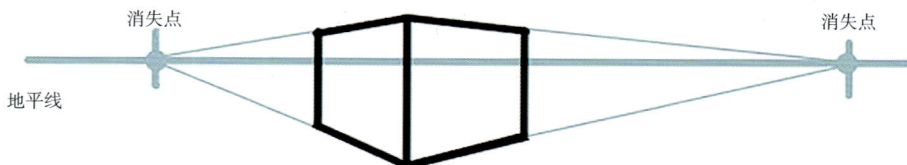

图7-7　两点透视平视图1

图7-8 两点透视平视图2

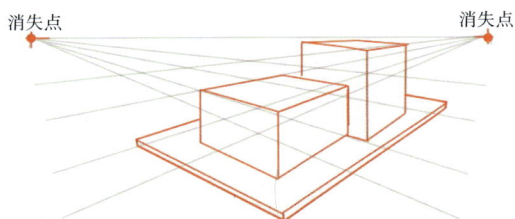

图7-9 两点透视俯视图

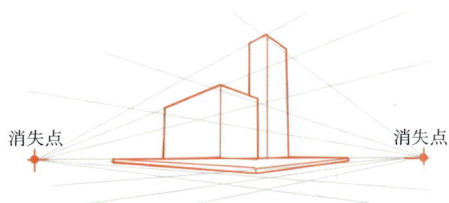

图7-10 两点透视仰视图

7.2.3 三点透视

三点透视是在两点透视的基础上又增加一个消失点，这个消失点在地平线以外，三点透视的特点是一个点对着画面，如图7-11所示。三点透视有两种表现形式，第一种是主体物在地平线下方，画面表现是俯视图，在地平线下方的消失点也可以称为"地点"，如图7-12所示。第二种是主体物在地平线上方，画面表现是仰视图，在地平线上方的消失点也可以称为"天点"，如图7-13所示。在平时的绘画创作中，三点透视主要用于绘画宏大场面、建筑或者环境的结构示意图等，如图7-14所示。

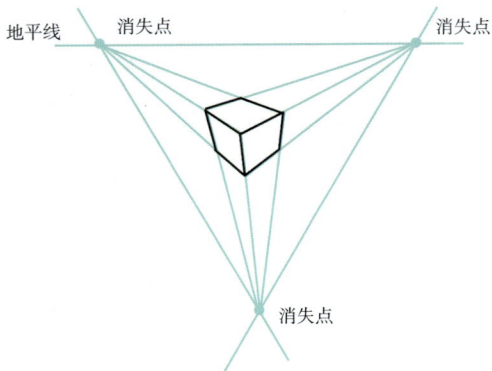

图7-11 三点透视

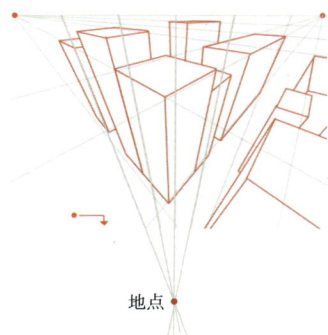

图7-12　三点透视俯视图

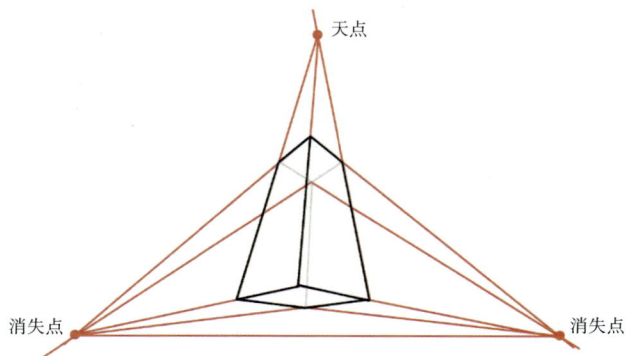

图7-13　三点透视仰视图

图7-14　三点透视实例

7.2.4　四点透视

　　四点透视一般应用在动画中，可以是横幅也可以是竖幅，是动画中的移动镜头场景中的背景绘画。四点透视是在三点透视的基础上再加一个消失点，这个消失点在地平线的另一个边。四点透视的特点是以地平线为分界线，上下两边的物体分别用独立的透视关系，如图7-15所示。在地平线的位置用弧线把两边的物体连接起来，这样将画面放大后，其局部不会出现明显的变形，如图7-16所示。

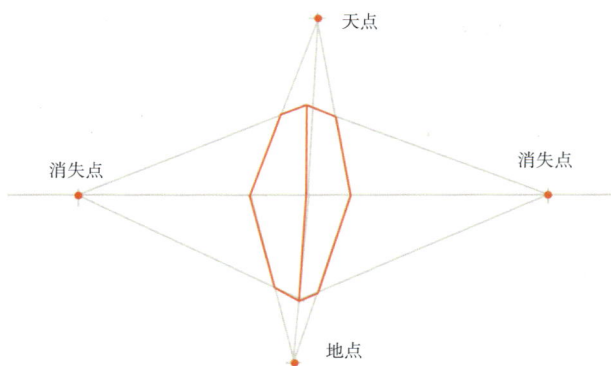

图7-15　四点透视

图7-16　四点透视实例

7.2.5 学生作业练习

透视练习的目的是使学生通过画透视图，掌握透视的基础知识，为以后的创作打基础。

作业要求：对绘画的内容不做要求，学生可以画自己感兴趣的建筑或景物，比如室内透视、室外透视或者机械透视等。透视练习可以分两步进行，第一步可以进行临摹，找一张有透视关系的图片，结合透视知识绘制线稿图，熟练以后进行第二步，即绘制熟悉的环境的线稿，例如教室、寝室、校园等。

具体要求：① 虽然透视练习可以不画细节，但是要明确清晰地表现出画面大的透视关系。② 画面要整洁，需要擦除辅助线条，养成良好的绘画习惯。下面列举一些学生的作业作品。

（1）一点透视作业作品范例（图7-17至图7-20）。

图7-17　一点透视作业作品1

图7-18 一点透视作业作品2

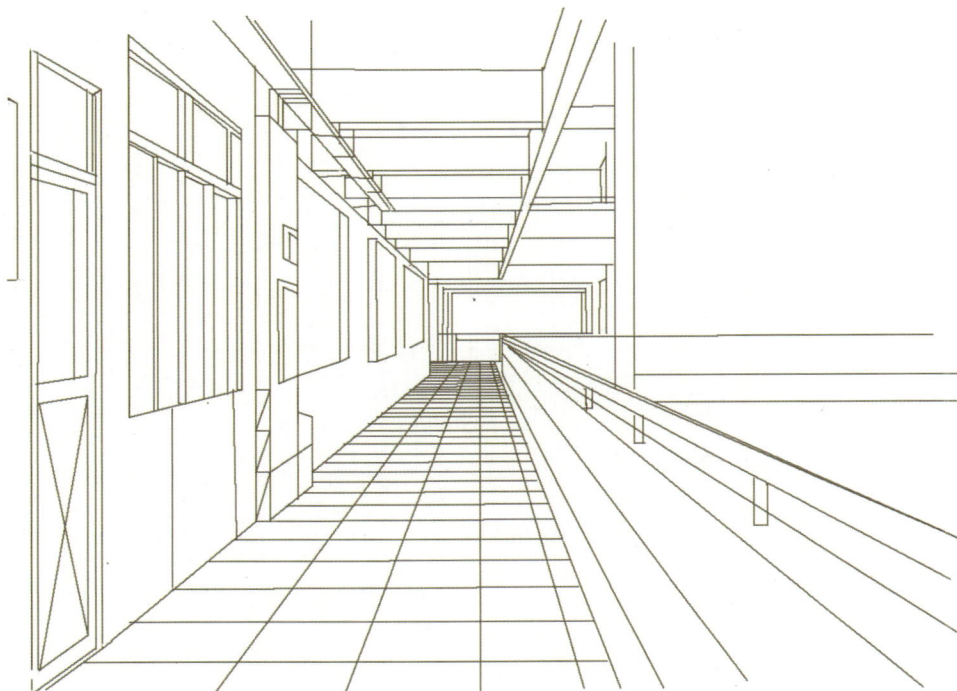

图7-19 一点透视作业作品3

图7-20　一点透视作业作品4

（2）两点透视作业作品范例（图7-21至图7-23）。

图7-21　两点透视作业作品1

图7-22　两点透视作业作品2

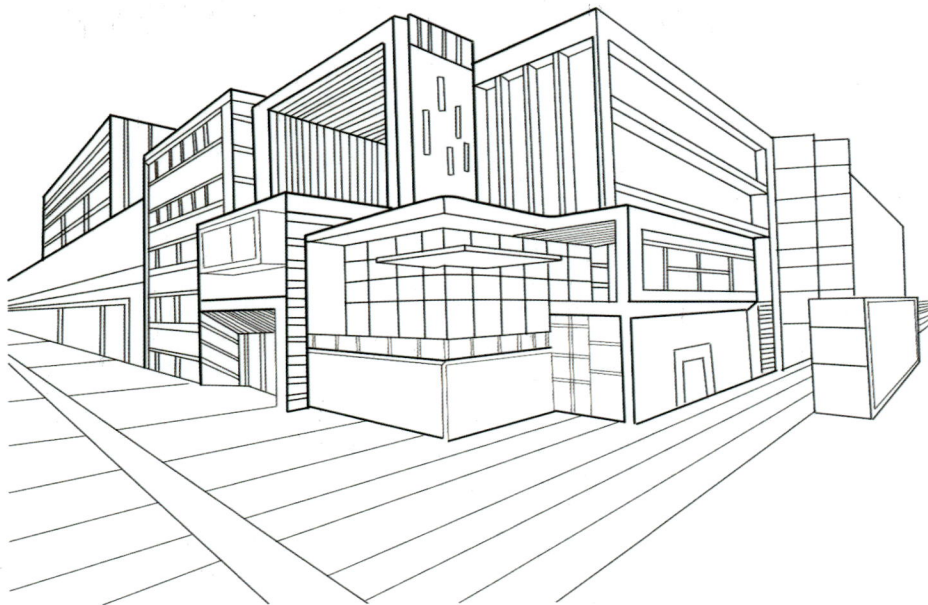

图7-23　两点透视作业作品3

（3）三点透视作业作品范例。

图7-24　三点透视作业作品

7.3　光在场景中的应用

　　日常生活中，因为有了光我们才能看到物体。光在场景中的作用非常重要，想要画好场景必须对场景中的光有所了解，首先要了解光源，一般将场景中的光源分为两种，一种是自然光，也就是室外场景中的日光，人们看到的室外物体的颜色是由于日光的照射反射产生的，晴天和阴天的光线是不一样的，晴天以直射光线为主，光线比较强，在光线照射下物体的影子清晰；阴天或者雾天以漫反射光线为主，光线比较柔和，物体没有特别明显的影子。在室外，光的表现丰富而细腻，在日常生活中要多加观察，并总结光的绘画表现规律，如图7-25所示。另一种是灯光，一般情况下，灯光运用在室内场景，大多数的灯光都是直射光，所表现的物体轮廓比较清晰（图7-26）。在绘画时，相对自然光，室内灯光比较容易控制。下面列举一些光在数字绘画中的应用。

图7-25　自然光

图7-26　室内光

7.3.1　利用光统一画面，调整色调，渲染气氛

没有光就无法看见物体，所以一幅画中总是需要光源的。光在画面中的作用之一就是统一画面，如图7-27所示，利用暖色把整个画面统一起来；在图7-28中，利

用冷色调整画面的色调。在这两幅画中，光都有渲染气氛的作用，在图7-27中红色让画面看起来感觉炎热、压抑；在图7-28中利用蓝色让画面看起来清爽、愉悦。

图7-27　暖色系

图7-28　冷色系

7.3.2　利用光表现空间

利用光线的交替穿插和纵深来弥补透视不明显的画面，进行空间的塑造。在画室外场景时，很多描绘的画面没有明显的透视线来表现空间关系，那么就可以利用光的交替来把空间的纵深表现出来，如图7-29、图7-30所示。

图7-29　光的空间运用1

图7-30　光的空间运用2

7.4　学生作业练习

在正式画场景之前，可以画很多小稿来确定构图、画面内容等。多画这种小稿可以练习对画面的掌控，特别要注意黑白灰的关系与透视的准确性。图7-31至图7-33所示为学生的场景写生作业作品。

学生作业作品

图7-31　学生场景作业作品1

图7-32　场学生场景作业作品2

图7-33　学生场景作业作品3

经过一段时间的场景写生练习后，就可以进行场景的创作练习，在这个阶段，学生可以自主选择绘画的主题内容，练习如何构图、如何表现空间，以及如何合理表现主题内容。练习时，可以先画素描稿，再画色彩稿，逐步增加难度，如图7-34至图7-38所示。

图7-34　学生场景草稿创作练习1

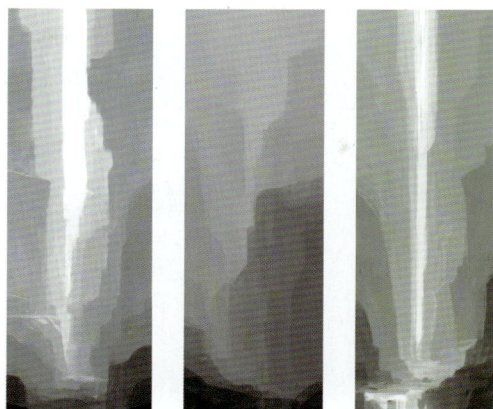

图7-35 学生场景草稿创作练习2

图7-36 学生场景草稿创作练习3

图7-37 学生场景创作练习1

图7-38　学生场景创作练习2

7.5　场景数字绘画的风格

　　从绘画者的角度讲，每一位绘画者的数字绘画风格形成受多方面因素的影响，包括绘画者的绘画习惯与绘画过程、对绘画的认识与理解、所使用的绘画软件等。绘画者的绘画风格是日积月累形成的。本节主要介绍不同应用领域对数字绘画场景画面风格的要求，在数字绘画中，场景在多数情况下是应用型的创作，绘画者要根据创作项目的要求并结合自身对项目的理解进行创作。

　　在绘制场景之前，要明确创作目的。不同的创作目的对画面的要求是不一样的。数字绘画场景会应用到各种领域中，如动画、游戏、插画或者漫画等，这些领域的艺术创作都有独自的特点与风格。下面简单介绍各种场景绘画的特点及注意事项。

7.5.1　影视中的场景数字绘画——气氛图

气氛图主要应用在影视中，是影视美术里一个很重要的创作流程，美术师会根据剧本与导演的要求进行前期的美术气氛图绘画，这些图画是指导影视布景、灯光、环境的第一手资料。对气氛图的要求：每一张气氛图都有可能成为一幕影视的中心思想，必须有情绪的表现，还要有颜色的表达，空间结构的规划，光线的层次等，如图7-39、图7-40所示。也可以带上人物，强调人物与环境的关系等，如图7-41所示。只有了解气氛图的作用，才能画出合格的气氛图。

图7-39　影视气氛图范例1

图7-40　影视气氛图范例2

图7-41　影视气氛图范例3

7.5.2　游戏中的场景数字绘画——游戏场景设计图

　　游戏场景的数字绘画与影视场景数字绘画有所不同，由于游戏的特殊性，游戏场景大多数是一个虚拟的环境，画面中的主题场景可以设计得更加天马行空。首先，在设计过程中，游戏场景的受约束性没有影视场景那么强，作者可以根据个人的理解自由发挥；其次，游戏场景的数字绘画必须有一定的精细度，以便为游戏的后期制作提供参考；再次，绘制完成的游戏场景设计会被移交到制作部门，如三维的建模部门，制作部门通过分析场景设计图进行虚拟三维环境的建立。最后，游戏的场景数字绘画经常被用于游戏的宣传，所以它应该是一个完成度很高的作品，如图7-42所示。

图7-42　游戏场景范例

7.5.3 动画中的场景数字绘画——动画背景

动画的场景与影视气氛图、游戏场景图不同，首先动画场景必须与整个动画风格相匹配，要与动画角色的风格相统一；其次动画场景的空间设计要合理，要紧密围绕角色的表演，给动画角色的表演提供合适的场合。如图7-43、图7-44所示。

图7-43 动画场景范例1

图7-44 动画场景背景范例2

7.5.4   插画的场景

插画的形式可以有很多种，大多数情况下，每张插画都表现一个场面，这就需要有场景的衬托，根据创作目的的不同，把插画分为两种，一种是商业性插画，另一种是艺术性插画。

（1）商业性插画：商业性插画既可以是指在报纸、杂志、各种刊物或儿童图画书的文字间所加插的图画（图7-45），作用是使文字部分更生动、更具象地呈现在读者的心中；也可以是企业为了宣传产品所绘制的图画。商业性插画中的场景和影视、动画、游戏中的场景不太相同，影视场景、动画场景、游戏场景力求真实，让人们在欣赏的同时更有代入感，沉浸其中。商业性插画的主要作用是一种解释说明，要求美观并体现主题，如在读物中给读者以提示，把脑中的画面具象化，能给读者带来更丰富的阅读体验；作为产品宣传的场景需要体现产品的特性，并使人产生相应的联想。

图7-45   商业性插画（殷瑶   绘制）

（2）艺术性插画：艺术性插画一般是艺术家个人的灵感展示。艺术性插画有着悠久的发展历史，从世界最古老的插画洞窟壁画到日本江户时代的民间版画浮世绘，无一不演示着插画的发展。艺术性插画最先是在19世纪初随着报刊、图书的变迁发展起来的，而它真正的黄金时代则是二十世纪五六十年代首先从美国开始的，当时刚从美术作品中分离出来的插图明显带有绘画色彩，而从事插图的作者也多半是职业画家，以后又受到抽象表现主义画派的影响，从具象转变为抽象。直到20世纪70年代，插画又重新回到了写实风格。由于每个人的审美和艺术修养不同，艺术性插画种类也是多样的。由于绘画软件的特殊性，可以利用数字绘画的手段使艺术类的插画更容易地展示绘画者的艺术表现力，如图7-46所示。

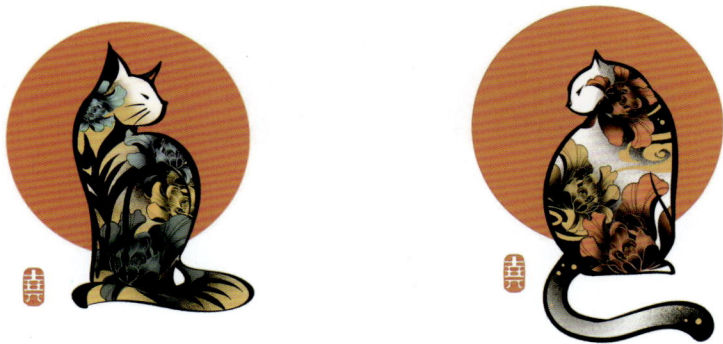

图7-46 艺术性插画（殷瑶 绘制）

7.6 场景数字绘画步骤

与人物数字绘画一样，场景数字绘画风格也是多种多样。在学习场景数字绘画初期，要有明确的绘画步骤，这样才能更顺利地完成数字绘画场景作品。下面通过两个主题内容的场景绘画练习介绍绘画步骤。

7.6.1　场景绘画练习一

（1）起稿，确定构图、透视关系、素描关系。这一步强调的是画面整体关系，细节可以忽略（图7-47）。

图7-47　起稿（孟鹏　绘制）

（2）确定色调，逐渐完善建筑物，这一步也不用考虑具体细节，注意把握大的颜色关系（图7-48）。

图7-48　确定色调（孟鹏　绘制）

（3）添加建筑物、地面的颜色、细节（图7-49）。

图7-49　添加光与颜色（孟鹏　绘制）

（4）添加人物，继续完善画面，塑造夜晚的光（图7-50）。注意画面主要角色的表现，其他路人可以进一步弱化（图7-51）。

图7-50　细节刻画1（孟鹏　绘制）

图7-51　弱化路人（孟鹏　绘制）

（5）继续完善细节，为了增加氛围添加细雨，如图7-52所示。在雨伞上增加水滴溅射效果，如图7-53所示。

图7-52　整体调整（孟鹏　绘制）

图7-53　放大细节图（孟鹏　绘制）

7.6.2　场景绘画练习二

（1）画一个带有神秘感的环境，起稿时用很多雾气渲染环境，如图7-54所示。

图7-54　起稿

（2）确定主体物，让画面看起来更富有变化，选择一个规则的圆形，与四周不规则的岩石产生对比，如图7-55所示。

图7-55 添加主体物

（3）继续添加细节，整体修整，为了塑造空间，利用前面章节讲的"光"的运用在画面中间位置加一个光带，如图7-56所示。

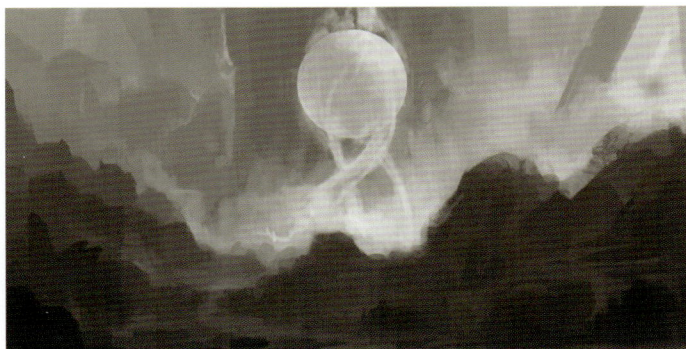

图7-56 细节刻画

（4）为了让画面生动，加了一个人物，注意角色要和环境相融合，如图7-57所示。

图7-57 添加人物

（5）将整体颜色调整统一，因为是想画出具有神秘感的画面效果，选择了冷色调，如图7-58所示。

图7-58　添加颜色

（6）整体画面调整。强调画面层次，增加虚实感，如图7-59所示。

图7-59　整体调整

7.7　学生作品展示

每一个绘画者各有自己所擅长的绘画领域和绘画内容，在绘画初期对个人擅长的内容进行强化练习，可以更有效地提高学习效率与绘画效果，等熟练以后再拓展绘画的内容。本节展示学生的平时作业作品（图7-60至图7-65），给学习场景数字绘画的同学提供一点思路，希望同学们多看多参考，不要只局限于一种方法与画面效果。

图7-60、图7-61所示两张作品出自一套系列作品，这位学生创作能力很强，绘画基础比较好，能够用画笔把幻想的画面表现出来，从作品中能感受到所表现的世界氛围，表达比较充分，符合设计稿的要求。

图7-60　学生场景作品1（李嘉豪　绘制）

图7-61　学生场景作品2（李嘉豪　绘制）

图7-62是一张画册的插画。图7-63、图7-64是两张影视前期的设计稿。图7-65是一张游戏设计稿，这些作品是一些商业画稿。商业画稿主要的创作思路是根据甲方提出的要求，并结合自己的理解与绘画风格进行的创作。各种项目的要求是不同的，所以画面风格变化也比较大。这几幅作品整体完成度都很高，这也是商业画稿的基本要求。

图7-62　学生场景作品3（孟鹏　绘制）

图7-63　学生场景作品4（孟鹏　绘制）

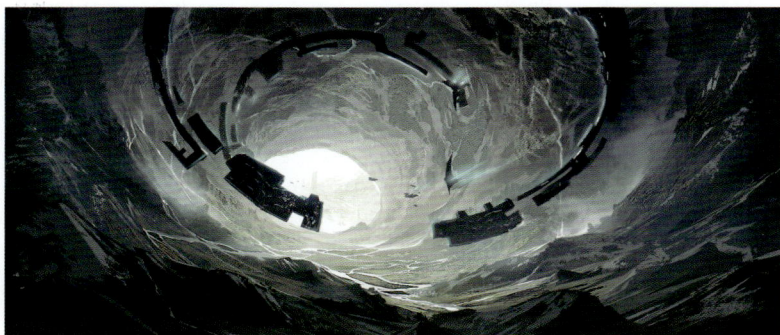

图7-64 学生场景作品6（孟鹏 绘制）

图7-65 学生场景作品5（孟鹏 绘制）